普通高等教育"十一五"国家级规划教材

机械创新设计

第二版

张美麟　张有忱　张莉彦　编著

 化学工业出版社

·北京·

本书共分为 8 章。第 1 章为绪论，介绍了创新设计的概念、创新教育与创新人才的培养；第 2 章为创新设计的理论基础，主要以创造学的理论为依据，结合实际问题分析了创新思维的方法，以及各种创新的技法；第 3 章为机械系统方案设计的创新，简单论述了机械系统的特性，重点论述了产品规划与原理方案的创新思路，以及构型的综合问题；第 4 章为机构的各种创新方法，分别就机构的变异与演化、机构的组合、机构的再生等创新设计技法进行分析与论述；第 5 章为机械结构的创新设计，分别从机械结构的功能，结构元素的变换，以及材料、加工、装配、输送等方面讨论了机械结构创新的要求与实现途径；第 6 章为反求设计与创新，介绍了反求设计的概念，反求设计的内容与过程，以及反求实例分析；第 7 章介绍了几种机械系统如机床、动力机械、机器人、自行车的创新过程与发展历史；第 8 章是创新实例与分析，主要介绍了全国机械创新设计大赛的优秀作品，并简单分析了各项作品的创新过程。各章后附有习题与练习。

本书可作为高等学校教材，也可供有关教师及工程技术人员或科研人员参考。

图书在版编目（CIP）数据

机械创新设计/张美麟，张有忱，张莉彦编著 . —2 版 . 北京：化学工业出版社，2010.5（2018.9重印） 普通高等教育"十一五"国家级规划教材 ISBN 978-7-122-07910-7

Ⅰ. 机…　Ⅱ.①张…　②张…　③张…　Ⅲ. 机械设计-高等学校-教材　Ⅳ.TH122

中国版本图书馆 CIP 数据核字（2010）第 039708 号

责任编辑：程树珍　金玉连　　　　　　　　装帧设计：郭　佳
责任校对：宋　玮

出版发行：化学工业出版社（北京市东城区青年湖南街 13 号　邮政编码 100011）
印　　装：三河市延风印装有限公司
787mm×1092mm　1/16　印张 11¼　字数 268 千字　2018 年 9 月北京第 2 版第 9 次印刷

购书咨询：010-64518888（传真：010-64519686）　售后服务：010-64518899
网　　址：http://www.cip.com.cn
凡购买本书，如有缺损质量问题，本社销售中心负责调换。

定　　价：28.00 元　　　　　　　　　　　　　　　版权所有　违者必究

第二版　前　言

本版是在第一版的基础上进行修订的，主要做了如下几项的工作：

① 在第 3 章"机械系统方案设计的创新"中增加了"产品规划的创新问题"，"方案设计的评价"两节内容；在 3.3 节还增加了建立形态矩阵的创新方法。

② 在第 4 章"机构的创新设计"中增加了"广义机构的应用"一节。

③ 在第 5 章"机械结构设计与创新"中增加了"用模块拼接法进行结构的创新"一节。

④ 在第 6 章"反求设计与创新"的第 3 节"反求实例分析"中增加了精度反求实例与图像资料的反求设计实例。

⑤ 本版还增设了第 8 章"创新实例与分析"。

⑥ 本版还重新编排了章节，增加了习题内容，更改了原书文字及插图的错误。

本书在讨论与分析过程中注意联系工程实际问题，注意阐明各种创新方法的实际功能效果，并引入了大量实例说明与解释各种创新技法，引导学生进行观察、对比、分析，培养学生的学习兴趣与情感。主要内容包括以下几方面。

创新设计基础知识：在创造学基础上探讨了创新思维方法；在创造原理的基础上通过实例对常采用的创新技法进行了分析与论述。

① 机械系统原理方案设计的创新：概述了机械系统的基本概念，包括机械系统的组成、机械系统的相关性以及机械系统发展过程中的进化理论和机械系统设计的内容；重点论述了产品规划阶段，原理方案设计阶段的创新问题。比较详细地介绍了 TRIZ 的冲突问题解决理论；编写了部分原理解目录；还提出了原理综合时关于资源的利用问题等。

② 机构的创新设计：包括机构变异设计与创新、机构组合设计与创新、机构再生设计与创新以及广义机构等。

③ 机械结构设计与创新：包括实现零件功能的结构创新、适应材料性能的结构创新、方便制造与操作的结构创新等。

④ 反求设计与创新：论述了反求设计的概念、反求设计的类型、反求设计的过程以及反求设计的创新问题。

⑤ 典型机械的创新与进化：介绍了对人类社会与技术的发展影响比较大的机床、动力机械、机器人、以及应用最广泛的自行车的产生、发展与进化。从中可以看出创新对社会发展的推动，反过来社会的发展也拉动了创新。

⑥ 创新实例与分析：主要是通过大学生在创新活动中的创新产品来进一步说明创新的过程及各种创新技法的运用。

本书注意引入创新设计的最新动态和最新科技成果；注意收集各个方面的创新原理与技法充实创新设计的内容；尤其注意创新能力的训练，根据多年创新设计教学的经验与体会，编写了部分的练习，使学生能够通过这些练习巩固各种创新技法的应用。

最后，由于作者水平有限，不当之处在所难免，敬请各位读者批评指正。

编著者

2010 年 1 月

第一版 前言

创新能带来经济的巨大发展，同时也推动人类社会的进步。对于一个国家来说，建立一个良好的创新机制，拥有大量具有创新能力的高素质人才，就具备了发展知识经济的巨大潜力，也就决定了这个国家在国际竞争中的地位。

为了适应科学技术的飞速发展和知识经济时代的到来，应该有自己的知识产权，有自主的创新能力，有能同国际竞争的名牌产品，更要有具备创新能力的人才。于是，培养学生的创新能力就成为高等学校一项重要的教学改革内容。作者希望编写的这本《机械创新设计》，能为培养创新人才提供帮助。

本书从创造学、设计方法学以及各种创新理论出发，分析、研究并论述了创新思维、创新技法以及机械产品设计中的各种机构设计、结构设计、反求设计、方案设计的各种创新方法与创新原理。在讨论与分析过程中注意联系工程实际问题，注意阐明各种创新方法的实际功能效果，并引入了大量实例说明与解释各种创新技法，引导学生进行观察、对比、分析，培养学生的学习兴趣。为了使学生在学习过程中能够有机会检验自己的能力，本书还编写了一定数量的习题与练习。

本书是作者总结多年教学经验和科研成果，并在广泛收集资料的基础上编写的。

本书承北京理工大学张春林教授审阅，并提出许多宝贵意见，在此表示衷心感谢。

本书得到北京化工大学的大力支持，在此也表示深切感谢。

由于作者水平有限，错误与不当之处在所难免，敬请各位读者批评指正。

编著者
2005 年 4 月

1 绪 论

1.1 创新设计概述

1.1.1 设计与创新

（1）设计

设计是什么？实际上，设计本身就是一种创造。设计是人类进行的一种有目的、有意识、有计划的活动，设计的发展与人类历史的发展一样，是逐渐进化，逐步发展的。

人类开始的设计是一种单凭直觉的创造活动。这些活动的意义仅仅是为了满足生存需要，例如，为了保暖就剥下兽皮或树皮，稍加整理，披在身上防寒，也就设计了服装；为了猎取动物，分食兽肉，就设计了刀形斧状的工具，这也许就是最初的结构设计。

后来设计就发展了，不再是仅仅为了生存，而上升到为了生活质量的提高，为了精神上的某种需要。并且人们开始利用数学与物理的研究成果解决设计问题。当设计的产品经过实践的检验，并有了丰富的设计经验以后，就开始归纳总结出各种设计的经验公式，还通过试验与测试以获得各种设计参数，作为以后设计的依据。同时开始借助于图纸绘制设计的产品，逐步使设计规范化。

现在的设计或称现代设计，则不论从深度还是广度都发生了巨大的变化，已不再把时间花费在繁琐的计算与推导上，平面图纸的设计也逐渐被取代。出现了优化设计、并行设计、虚拟设计等。设计的产品更新换代的时间逐渐缩短，第一代产品刚问世不久，第二代、第三代产品则很快会接踵而来。例如，自 1790 年美国实施专利制度以来，至今已有 600 多万件专利。前 100 万件用了 85 年；后 100 万件只用了 8 年。在最近 8 年里，平均每天产生专利 300 多件。在这样一个迅猛发展的时代，人们的要求越来越高，也就对设计以及设计工作者提出了更高的要求。设计向什么样方向发展，设计如何解决现代人的需求，已经成为重要的话题。

（2）创新

创新一词一般认为是美国一位经济学家 J.I. 舒彼特最早提出的。他把创新的具体内容概括为五个方面：①生产一种新产品；②采用一种新技术；③利用或开拓一种新材料；④开辟一个新市场；⑤采用一种新的组织形式或管理方式。并指出："所谓创新是指一种生产函数的转移"。

概括地说，创新就是创造与创效。它是集科学性、技术性、社会性、经济性于一身，并贯穿于科学技术实践、生产经营实践、社会活动实践的一种横向性实践活动。创新理论体系的内容框架可以用框图来描述，见图 1-1，技术创新占主导地位。作为一个国家、地区或企业，它的存在或竞争实力的大小、经济发展和社会进步的程度，最终取决于技术创

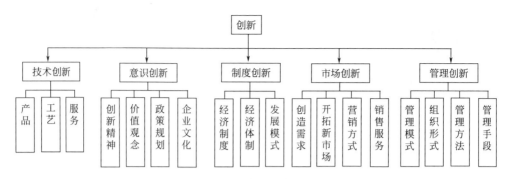

图 1-1 创新的内容框架

新，其它创新活动均为技术创新服务。

意识创新起先导作用，没有创新意识也就没有创新活动。

制度创新起保证和促进作用，即促进技术创新。自改革开放以来，我国的经济体制已逐步由计划经济体制转向到社会主义市场经济体制，这为技术创新创造了良好的宏观环境。

市场创新起导向和检验作用。市场通过竞争迫使、激励企业不断创新；市场把创新成功与否的裁决权交给消费者，由消费者的需求导引创新的方向，检验创新成功与否。

管理创新具有协调、整合创新系统各要素作用。

1.1.2 创新设计

创新设计是属于技术创新范畴。可以看出对创新设计的要求要比对常规设计的要求提高了许多。创新设计不仅是一种创造性的活动，还是一个具有经济性、时效性的活动。同时创新设计还要受到意识、制度、管理及市场的影响与制约。因此需要研究创新设计的思想与方法，使设计能继续推动人类社会向更高目标发展与进化。归纳起来创新设计具有如下特点：

ⅰ．创新设计是涉及多种学科，包括设计学、创造学、经济学、社会学、心理学等学科，的复合型工作，其结果的评价也是多指标、多角度的；

ⅱ．创新设计中相当一部分工作是非数据性、非计算性的，而是要依靠对各学科知识的综合理解与交融，对已有经验的归纳与分析，运用创造性的思维方法与创造学的基本原理开展工作；

ⅲ．创新设计不只是因为问题而设计，更重要的是提出问题，解决问题；

ⅳ．创新设计是多种层次的，不在乎规模的大小，也不在乎理论的深浅，注重的是新颖、独创、及时、甚至超前；

ⅴ．创新设计的最终目的在于应用。

1.2　创新教育与创新人才的培养

1.2.1　创新教育

知识是创新的前提，没有一定的知识就不可能掌握现代科学技术，也就没有创新能力。所以教育是提高创新水平的重要手段。

联合国教科文组织的一份报告中说："人类不断要求教育把所有人类意识的一切创造

潜能都解放出来。"即通过教育开发人的创造力，教育在创新人才培养中承担重要任务。联合国教科文组织也做过调研，并预测 21 世纪高等教育五大特点。

① 教育的指导性　打破注入式，用统一方式塑造学生的局面，强调发挥学生特长，自主学习；教师从传授知识的权威变为指导学生的顾问。

② 教育的综合性　不满足于传授和掌握知识，强调综合运用知识，解决问题的综合能力的培养。

③ 教育的社会性　从封闭校园走向社会，由教室走向图书馆、工厂等社会活动领域，开展网络、远程教育。

④ 教育的终身性　由于知识迅速交替，由一次性教育转变为全社会终身性教育。

⑤ 教育的创造性　改变教育观，致力于培养学生创新精神，提高创造力。

根据以上特点，我国高等教育人才培养也正开展由专才性向通才性过渡，努力培养并造就出大批具有创新精神与创新能力的复合型创新人才。

如何培养与造就一大批高素质的创造型、开拓型人才？则是创新教育必须面对的问题。首先必须更新教育思想和转变教育观念。教育不仅是教，更重要是育。教也不只是传授传统的知识，还要传授如何获取知识。育就是培育、培养、塑造。其次要探索创新的人才培养模式。不只是在课堂上教，在学校里教，更要走出教室，走向社会。积极组织学生开展课外科技活动与社会实践，给学生创造一个良好的探究与创新的条件与氛围。当然还要注重教学内容的改革与更新。在教育中，发明创造的观念，创新的能力是与知识同样重要的内容。开设机械创新设计课程也正是教学内容改革的措施之一。它不仅是传授一些创新技法，而且要激发学生的兴趣，让学生产生主动获取知识的愿望；同时还要培养善于思维、善于比较、善于分析、善于归纳的习惯。

1.2.2　创新人才的特点

ⅰ. 具有如饥似渴地汲取知识的欲望，以及浓厚的探究兴趣。这样，才能容易发现问题，提出问题，解决问题，并形成新的概念，做出新的判断，产生新的见解。陶行知有句名言："发明千千万，起点是一问"。

1903 年诺贝尔医学奖获得者丹麦科学家芬森就是一例。芬森到阳台乘凉，看见家猫却在晒太阳，并随着阳光的移动而不断调整自己的位置。这样热的天，猫为什么晒太阳？一定有问题！带着浓厚的探究兴趣，他来到猫前观察，发现猫身体上有一处化脓的伤口。他想，难道阳光里有什么东西对猫的伤口有治疗作用？于是他就对阳光进行了深入地研究和试验，终于发现了紫外线——一种具有杀菌作用，肉眼看不见的光线。从此紫外线就被广泛地应用在医疗事业上。

ⅱ. 具备强烈的创新意识与动机，和坚持创新的热情与兴趣。只有这样，才会把握机遇，深入钻研，紧追不舍，并确立新的目标，制定新的方案，构思新的计划。

因为创新的一个重要特征就是社会的价值性，即为社会进步与人们生活的方便而进行的工作。许多科学家正是带着这种强烈的责任感与使命感，做出了重要的贡献。法国的细菌学家卡莫德和介兰，为了战胜结核病，经历了 13 年的艰苦试验，成功地培育了第 230 代被驯服的结核杆菌疫苗——卡介苗。

ⅲ. 具备创新思维能力和开拓进取的魄力。只有这样，才能高瞻远瞩，求实创新，改革奋进，并开辟新的思路，提出新的理论，建立新的方法。

ⅳ. 具备百折不挠的韧劲儿，敢冒风险的勇气和意志。这样才会蔑视困难，正视困难，重视困难，并创出新的道路。迎接新的挑战，获取新的成果。

1.2.3 创新人才的培养

1.2.3.1 培养创新意识

（1）要唤醒、挖掘、启发、解放创造力

创造学的基本原理告诉人们，创造力是每个正常人都具有的一种自然属性。心理学研究也表明，一切正常人都具有创造力，这一论断是 20 世纪心理学研究的重大成果之一。同时也发现，人的创造力通过教育和训练是可以提高的。

创造力以心理活动为主，而心理活动的生理基础和物质基础是大脑和以大脑为核心的神经系统。揭示脑生理机制的奥秘就可以证明人人具有创造力。研究表明，人的智力、创造力取决于人脑神经元的构造，每个神经元之间的"触突"依靠电-化学反应形成了某种联系，思维就在这电-化学反应中进行。一瞬间有 10 万至 100 万个化学反应发生。人脑有 140 亿个神经元，它们之间联系高达 10 的 783000 次方单位，作用远远超过任何超级大规模集成电路。

（2）要善于观察事物、发现问题

观察事物是指对事物及其发展变化进行仔细了解，并把其性质、状态、数量等因素描述出来的一种能力。

影响观察能力的因素是感觉器官，已有的知识和经验。

提高观察能力的途径是培养浓厚的观察兴趣；培养良好的观察习惯（即观察要有目的性、计划性、重复性、观察结果要做记录等）；培养科学的观察方法（观察时要注意全局与局部，整体与细节，瞬间与持续现象的关系等）；时刻做有心人，时刻让感官器官处于积极状态。

图 1-2　比较三条线段的长度

妨碍正确观察的因素是错误的理论、观念的束缚及错觉或仪器误差导致的错误。

例如，图 1-2 所示的三条线段是等长的，但由于视觉的误差会认为中间的最长，上面的最短。

发现问题是指从外界众多信息源中发现自己所需要的有价值的问题的能力。发现问题的能力不仅仅在于发现，而更应注重对所发现问题的各种信息的融会贯通，理清它们的来龙去脉，为解决问题提供重要信息。

历史和实践表明，科学上的突破、技术上的革新、艺术上的创作，无一不是从发现问题、提出问题开始的。爱因斯坦认为，发现问题可能要比解答问题更重要。

（3）应具备良好的创造心理

创造力受智力与非智力因素影响。智力因素包括观察力、记忆力、想象力、思考力、表达力、自控力等；非智力因素包括信念、情感、兴趣、意志、性格等。

前者是基础，后者是动力。例如，兴趣对观察力与注意力具有很大的影响，只有对某事物极感兴趣，才会注意它、观察它，也才会从中发现问题并解决问题；情感是想象的翅膀，丰富的情感可以使想象更加活跃，而想象又可以充分发挥人的创造精神；意志是一种精神力量，它使人精神饱满，不屈不挠，不达目的誓不罢休。教育者应充分运用信念、情感、兴趣、意志、性格等非智力因素，开发与调动受教育者内在的积极因素，使他们通过对非智力因素的培养，促进智力因素的发展与提高。

1.2.3.2　掌握一些创新思维的方法，创新技术及技法

可以通过开设创造学，创新设计类的课程，使学生了解一些创新思维的特点，熟悉各种创新方法，这对培养学生的创新能力是很有帮助的。

1.2.3.3　加强创造实践

要设置一系列的实践环节，进行实践性的创造活动训练。例如美国通用电气公司对有关科技人员在开设创造课程同时，还进行一些创造实践的训练，两年后取得很好的效果，按照专利计量，人的创造力提高了5倍。

在各类学校里，开设创新设计类课程，开设创新设计实验室，开发创新设计的实验，为学生创造一个良好的创新实践环境，这对培养和塑造具有创新能力的学生是极其有效的。另外大学生的各种课外科技活动竞赛，也是很好的创造实践活动，其中不少作品在学科中具有突破性的意义。

1.2.3.4　排除影响创新活动的各种障碍

（1）环境障碍

外部环境 $\begin{cases} \text{自然环境} \\ \text{社会环境} \begin{cases} \text{文化条件：守旧意识，中庸之道，平均主义，枪打出头鸟等。} \\ \text{社会制度：计划经济下的等、靠、要，僵化的人事制度，应} \\ \qquad\qquad\quad\text{试教育等。} \end{cases} \end{cases}$

内部环境：心理、认知、信息、情感、文化等不利的个人因素。

（2）心理障碍

① 从众心理　从众是指个人自觉或不自觉地愿意与他人或多数人保持一致的个性特征，是求同思维极度发展的产物，俗称随大流。一般来说，普通人从10岁以后，开始出现从众心里，会有意无意地同周围人尽量保持一致。这种心态有时可能发展很快。

国外一位心理学家曾做过一个试验，他让几位合作者扮成在医院候诊室等待看病的病人，并让他们脱掉外衣，只穿内衣裤。当第一个真正的病人来时，先是吃惊地看了这些人，思索一会儿，然后也脱掉自己的外衣顺序坐到长凳上，第二个病人，第三个病人……竟无一例外都重复了同样的行为，表现出惊人的从众性。

从人的心理特征来看这个例子，说明当与别人一致时，感到安全；而不一致时，则感到恐慌。从众倾向比较强烈的人，在认知、判定时，往往符合多数，人云亦云，缺乏自信，缺乏独立思考的能力，缺乏创新观念。

法国一位科学家也做过一个有趣的试验，它把一些毛毛虫放在一个盘子的边缘，让他们头尾相连，一个接一个，沿着盘子边缘排成一圈。于是，这些虫子开始沿盘子爬行，每一只都紧跟着前面的一只，不敢走新路，他们连续爬了七天七夜，终因饥饿而死去。而在那个盘子中央，就摆着毛毛虫爱吃的食物。可以看出动物也具有这种心理特征。

② 偏见与保守心理　指个性上的片面性与狭隘性，对新事物的反感与反抗。

有了这种个性特征的人在看待任何事物时，往往是先入为主，在头脑里形成对问题的固定看法，用先前的经验抵制后来的经验；对逐渐出现的变化反应迟钝，不愿意接受新事物；在思维上代表了封闭性与懒惰性。

国外一位心理学家做过一个试验，他先让受试者看一张狗的图片，然后再让受试者看一系列类似狗的图片，其中每一张图片都与前一张有差异，即每一张都减少一点狗的特征，增加一点猫的特征。这些差异累积起来，使最后一张图片像猫而不像狗。偏见与保守

的人则一直认为图片是狗，而不是猫；而思维灵活的人则早认出图片已经变为猫了。

（3）认知障碍

① 思维定势　习惯固定模式，机械套用，阻碍新点子产生；有些人如饥似渴地学习知识，积累知识，但运用知识时，却难以突破原有知识的框架，不敢越雷池半步。美国心理学家贝尔纳认为："构成人们学习的最大的障碍是已知的东西，而不是未知的东西"。

② 功能固着　受事物经验功能局限，不可能发现潜在功能。例如茶杯的功能是作为容器盛水用，是否可以用它画圆、用作量具、甚至可当武器使用。

③ 结构僵化　认知上受结构局限，不能发现可变化的形态，导致创新思维受限制。

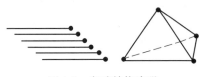

图 1-3　突破结构障碍

例如，要求用六根火柴在桌子上构造四个三角形，由于受桌面结构的影响，而从平面图形的结构上进行思维，总是行不通；若能跳出平面结构的局限，沿着空间结构进行思维就会恍然大悟，原来六根火柴就可构造具有四个三角形的空间四面体，见图 1-3。

（4）信息障碍

在当今时代，信息的影响十分巨大，例如，技术情报、专利信息、网络信息等。平时应经常查阅有关信息、资料，以免消息封闭，跟不上时代的步伐。

习题

1-1　查阅资料或进行调查研究，写出一份关于某项专利，或某一新技术的创新设计过程的调查报告。其报告格式为：新技术（新产品）名称；发明人；发明原因；发明过程；使用情况。

1-2　良好的创造心理包含哪些内容？请举出一个自己感受最深刻的例子说明，你是如何通过非智力因素的培养促进智力因素的发展与提高的。

1-3　根据自己的体会，简述影响创新活动进行的各种障碍。

2 创新思维与技法

2.1 创 新 思 维

创新的核心在于创新思维。创新思维是指在思考过程中，采用能直接或间接起到某种开拓、突破作用的一种思维，它既是一种能动的思维发展过程，又是一种积极的自我激励过程；它需要逻辑思维作基础，也需要非逻辑思维在一定环节上发挥作用。

2.1.1 创新思维的特点

（1）创新思维具有开放性

开放性主要针对封闭性而论的。封闭性思维是指习惯于从已知经验和知识中求解，偏于继承传统，照本宣科，落入"俗套"，因而不利于创新。而开放性思维则是敢于突破思维定势，打破常规，挑战潮流，富有改革精神。

开放性思维强调思维的多向性，从多种角度出发考虑问题，其思维的触角向各个层面和方位延伸，具有广阔的思维空间；开放性思维强调思维的灵活性，不依照常规思考问题，不是机械地重复思考，而是能够及时地转换思维视角，为创新开辟新路。例：从"0，1，2，4，3，7，8，1"中寻找规律，若按照常规，仅从数字本身上寻找规律，很难找出规律。突破数字的思维定势，而从构成数字的笔画形状进行思维，则会很快发现它们的规律，原来这是由曲线-直线交错排列的一组符号。

（2）创新思维具有求异性

求异性主要是针对求同性而论的。求同性是人云亦云，照葫芦画瓢。而求异性则是与众人、前人不同，是独具卓实的思维。

求异性思维强调思维的独特性，其思维角度、思维方法和思维路线别具一格、标新立异，对权威与经典敢怀疑、敢挑战、敢超越；求异性思维强调思维的新颖性，其表现为，提出的问题独具新意，思考问题别出心裁，解决问题独辟蹊径。新颖性是创新行为的最宝贵的性质之一。例如，美国某公司的董事长有一次在郊外看一群孩子玩一只外形丑陋的昆虫，爱不释手。这位董事长当时就想，市面上销售的玩具一般都形象俊美，假如生产一些外形丑陋的玩具，效果又会如何呢？于是他安排自己的公司研制一套"丑陋玩具"，迅速推向市场。结果一炮打响，丑陋玩具深受孩子们的青睐，非常畅销，给该公司带来巨大的经济效益。

（3）创新思维具有突发性

突发性主要体现在直觉与灵感上。所谓直觉思维是指人们对事物不经过反复思考和逐步分析，而对问题的答案做出合理的猜测、设想，是一种思维的闪念，是一种直接的洞察；灵感思维也常常是以一闪念的形式出现，但它不同于直觉，灵感思维是由人们的潜意识与显意识多次迭加思维而形成的，是长期创造性思维活动达到的一个必然阶段。

伦琴发现 X 射线的过程就是一个典型的实例。当时，伦琴和往常一样在做一个原定实验的准备，该实验要求不能漏光。正当他一切准备就绪要开始实验时，突然发现附近的一个工作台上发出微弱的荧光，室内一片黑暗，荧光从何而来呢？此时，伦琴迷惑不解，但又转念一想，这是否是一种新的现象呢？他急忙划一根火柴来看一个究竟，原来荧光发自一块涂有氰亚铂酸钡的纸屏。伦琴断开电流，荧光消失，接通电流，荧光又出现了。他将书放到放电管与纸屏之间进行阻隔，但纸屏照样发光。看到这种情况，伦琴极为兴奋，因为他知道，普通的阴极射线是不会有这样大的穿透力，可以断言肯定是一种人所未知的穿透力极强的射线。经过 40 多天的研究、实验，终于肯定了这种射线的存在，还发现了这种射线的许多特有性质，并且命名为 X 射线。

事实上，在伦琴发现 X 射线之前，就曾有人碰到过这种射线，他们不是视而不见，就是因干扰了其原定实验的进行而气恼，结果均失掉了良机。而伦琴则不同，他抓住了突发的机遇，追根溯源，终于取得了伟大的成功。

（4）创新思维是逻辑与非逻辑思维有机结合的产物

逻辑思维是一种线性思维模式；具有严谨的推理，一环紧扣一环，是有序的，常采用的方式有分析与综合、抽象与概括、归纳与演绎、判断与推理等；是人们思考问题常采用的基本手段。

非逻辑思维是一种面性或体性的思维模式。没有必须遵守的规则，没有约束，侧重于开放性、灵活性、创造性。

在创新思维中，需要两种思维的互补、协调与配合。需要非逻辑思维开阔思路，产生新设想、新点子；也需要逻辑思维对各种设想进行加工整理、审查和验证。这样才能产生一个完美的创新成果。

2.1.2　创新思维的过程

① 准备阶段　发现问题→分析问题→搜集问题→形成课题。

② 酝酿阶段　明确创新目标→继续收集资料→从事试验或研究→尝试各种想法的可行性。若问题简单，可能会很快找到解决问题的办法；若问题复杂，可能要经历多次失败的探求；当阻力很大时，则中断思维，但潜意识仍在大脑深层活动，等待时机。

③ 顿悟阶段　是创造性思维的突破阶段。创造主题在特定情境下得到特定的启发，被唤醒。该阶段的作用机制比较复杂，一般认为是与长期酝酿所积蓄的思维能量有关，这种能量会冲破思维定势和障碍，使思维获得开放性、求异性、非显而易见性。

④ 验证阶段　创造性思维不仅注重形式上标新立异，内容上也要求精确可靠。

2.1.3　创新思维的方式

创新能力的培养与提高离不开创新思维，所以很有必要了解、熟悉和掌握一些创新思维的方式。尤其是现在以创新为基本特征的知识经济时代，若能花一点时间系统地学一学创新思维方式，比自己去慢慢摸索、体会与积累经验的效果更好。

（1）利用事物的形象进行创新思维

事物的形象是指一切物体在一定空间和时间内所表现出来的各个方面的具体形态。它不仅包括物体的形状、颜色、大小、重量，还包括物体的声响、气味、温度、硬度等。利用事物的形象进行创新思维就是说用头脑中的表象和意象思维。表象是储存在大脑中的客观事物的映像，意象则是思考者对头脑中的表象有目的进行处理加工的结果。利用事物的形象进行创新思维有两种方式。

① 联想思维　人们根据所面临的问题，从大脑庞大的信息库中进行检索，提取出有用的信息。此时思路由此及彼地连接，即由所感知或所思的事物、概念或现象中，想到其它与之有关的事物。是正常人都具有的思维本能。

一个人要会联想，要善于联想，必须要掌握一定的联想方式。

相似联想　由一事物或现象刺激，想起与其相似的事物或现象。主要体现在时间、空间、功能、形态、结构、性质等方面相似。相似中很可能隐含着事物之间难以觉察的联系。例如，通过相似联想，医生由建筑上的爆破联想到人体器官内结石的爆破，而发明了医学上的微爆破技术。

相关联想　利用事物之间存在着某种联锁关系，如互相有影响、互相有作用、互相有制约、互相有牵制等，一环紧扣一环地进行联想，使思考逐步地进行，逐步地深入，从而引发出某种新的设想。例如，由火灾联想到烟雾传感器；由高层建筑联想到电梯。

对比联想　在头脑中可以根据事物之间在形状、结构、性质、作用等某个方面存在着的互不相同，或彼此相反的情况进行联想，从而引发出某种新设想来。例如，由热处理想到冷处理，由吹尘想到吸尘等。21 世纪避雷的新思路就是由对比联想而产生的。国际上一直通用的避雷原理是美国富兰克林的避雷思想，这种思想是吸引闪电到避雷针，避雷针又与建筑物紧密相连，这就要求建筑物必须安装导电良好的接地网，使电传入地下，确保建筑物的安全。因此也就增加了落地雷的概率，产生了由避雷针引发的雷灾。这些灾害的发生引起了研究人员对避雷思想的反思。1996 年中国科学家庄洪春从避雷针的相反思路研究，发明了等离子避雷装置，这种装置不是吸引闪电，而是拒绝闪电，使落地雷远离被保护的建筑物，特别适合信息时代的防雷需要。

② 想象思维　从心理学角度来看，想象是对头脑中已有的表象进行加工、排列、组合而建立起新的表象的过程。想象思维可以帮助人发现问题，依靠想象的概括作用，可帮助人们在头脑中塑造新概念、新设想；想象是理性的先驱，想象可以帮助人们反思过去，展望未来。爱因斯坦曾说过："想象力比知识更重要，因为知识是有限的，而想象力概括世界上的一切，推动着进步，并且是知识进化的源泉。严格地说，想象力是科学研究中的实在因素"。想象的类型包括以下几种。

创造想象　指在思维者的头脑中对某些事物形象产生了特定的认识，并按照自己的创意对事物进行整个的或者部分的抽取，再根据某种需要将其组成一种有自身结构、性质、功能与特征的新事物形象。

例如，《国外科技动态》2004［3］曾刊登一篇"关于新人类能源设计畅想"的文章，就是想象利用人体对路面不断施加的压力来发电。如图 2-1 所示，尽管电流很小，但非常频繁，若将这些电流存储起来，就足够供街灯、交通灯、建筑物内照明等使用。这一想象如果能付诸现实，那么人们就可以充分利用过去浪费掉的人体能量，朝着一个生态友好、自足的人类社会迈进。

充填想象　指思维者在仅仅认识了某事物的某些组成部分或某些发展环节的情况下，头脑中通过想象，对该事物的其它组成部分或其它发展环节加以填充补实，从而构成一个完整的事物形象。

人们在实践中得到的事物表象，由于受时间或空间的限制，常常只是客观事物的一个或几个部分，或片断，因而需要进行充填想象，以推知事物的全貌。例古生物学家根据一

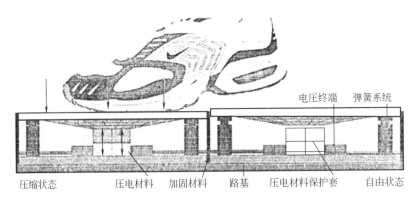

压缩状态　　　压电材料　加固材料　路基　压电材料保护套　　自由状态

图 2-1　新人类能源设计畅想

具古生物化石，就能想象地推测这个古生物的原有形态；侦查人员根据目击者提供的犯罪现场情况，便能想象出罪犯的形体外貌。在科技杂志上看到某先进的设备照片，可以尝试用充填想象分析出内部结构。

例如，图 2-2(a) 所示是一种可能用来在玉器上刻画螺线的机器，是充填想象的产物。美国哈佛大学一物理学研究生仔细研究了中国春秋时代陪葬用的装饰翡翠环 ［图 2-2(b)］，发现环上刻有螺旋线形花纹（有些与阿基米德螺旋线吻合到只差 $200\mu m$），这有力地证明它们是由复合机器制成的，并想象出该复合机器的结构形状，比西方国家出现的类似设备至少要早 3 个世纪。

预示想象　根据思维者已有的知识、经验和形象积累，在头脑中构成一定的设想或愿望，虽然现在还不存在，以后却有可能产生的某种事物形象。

预示想象也称为幻想，是从现实出发而又超越现实的一种思维活动。幻想可以使人思维超前、思路开阔、思绪奔放，因此在创新活动的初期，它的作用是很明显的。19 世纪法国著名科学幻想作家儒勒·凡尔纳被称为"科学幻想小说之父"其作品《神秘岛》、《地心游记》、《海底两万里》等中的幻想产物，如电视机、直升飞机、潜水艇等都已成为现实。俄国著名化学家门捷列夫对凡尔纳的评价很高，认为他的作品对自己研究很有启发，有助于自己思考问题，解决问题。

导引想象　思维者通过在头脑中具体细致的想象和体验自己完成某一复杂艰巨任务正进行顽强努力，以及完成任务后的成功情景与喜悦心情，从而高度协调发挥自身潜在的智力与体力，以促进任务的顺利完成。

导引想象应用在医学中可以减轻病人的痛苦，有利于治疗。美国西雅图的湾景烧伤中心，烧伤病人接受虚拟现实疗法，以减轻伤口护理过程中造成的痛楚。病人带着头罩式的显示器，使用操纵杆操纵称为"冰雪世界"的程序，这一程序专为解除烧伤病人的痛楚而设计的。研究表明，在痛苦不堪的伤口护理期间，这种导引

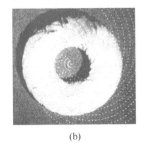

(a)　　　　　　　(b)

图 2-2　中国的复合机器

想象的方法对减轻病人的痛苦很有效果。

③ 形象思维能力的培养与提高　关于如何提高形象思维能力，提出以下几个方面仅供参考。

要深入学习各种知识，包括不同学科的，不同领域的知识；应该不断注意积累各种实践经验；还必须养成善于观察，分析各种事物以及物体的结构特征的习惯，对各类事物形象掌握得越多，越有利于形象思维。这些知识、经验以及各种事物的形象特征将为形象思维奠定了坚实的基础。

要自觉地锻炼思维联想能力。应注重事物之间的联系，常做一些提高联想能力的训练，可以在两个事物或两个事件之间进行联想，或按时间顺序及空间顺序进行联想等。例如达·芬奇把铃声和石子投入水中的现象联系在一起，使他联想到声音是以波的形式传播的；电报发明者莫尔斯为不知如何将电报信号从东海岸发送到西海岸而苦思冥想，一天，他看到疲乏的马在驿站被换掉，因此就由驿站联想到增强电报信号，使问题得以解决。

要自觉地锻炼思维想象能力。常选择一些问题展开想象，例如当你面对一个问题时，应向自己提出，我能用多少种方式来看待这个问题，我能用多少种方法解决这个问题；常在头脑中对一些事物进行分解、组合或增添，想象能生成一个什么样的新事物；经常欣赏艺术作品，并对结局展开几种可能的想象等。

（2）通过灵感的激发进行创新思维

灵感思维是指思维者在实践活动中因思想高度集中而突然表现出来的一种精神现象。灵感具有突发性、瞬间性、情感性（伴随激情）等特点。

激发灵感的方式有以下几种。

① 自发灵感　是指在对问题进行较长时间执着地思考探索过程中，需要随时留心或警觉所思考问题的答案或启示，有可能在某一时刻会在头脑中突然闪现。例如英国发明家辛克莱在谈及他发明的袖珍电视机时说到："我多年来一直在想，怎样才能把电视机显像管的长尾巴去掉，有一天我突然灵机一动，想了个办法，将长尾巴做成90°弯曲，使他从侧面而不是从后面发射电子，结果就设计出了厚度只有3cm的袖珍电视机。"

可以看出对问题先是深思熟虑，然后丢开、放松，挖掘并利用潜意识，由紧张转入既轻松又警觉的状态，是产生和自发灵感的最有效方法。

② 诱发灵感　是指思维者根据自身、生理、爱好、习惯等诸方面的特点，采取某种方式或选择某种场合，例如散步、沐浴、听音乐或演奏等，以及西方的所谓三 B 思考法，即 Bed（躺在床上思考），Bath（沐浴时思考），Bus（等候或乘坐公共汽车时思考），有意识地促使所思考问题的某种答案或启示在头脑中出现。例如法国数学家潘卡尔做出"不定三级二次型的算术变换和非欧几何的变换方法完全一样"的结论是在海边散步时突然领悟的。

③ 触发灵感　是指思维者在对问题已进行较长时间执着思考的探索过程中，需随时留心和警觉，在接触某些相关或不相关的事物时，有可能引发所思考问题的某种答案或启示在头脑中突然闪现，有些类似触景生情的感觉。另外，根据多人经验、同人交谈，也会经常起到触发灵感的作用。因为每个人的年龄、身份、文化程度、知识结构、理解能力等各不相同；思考问题的特点、方式和思路也会有差异。在交谈中，不同的思路、思考方式和特点互相融汇、交叉，碰撞或冲突，就能打破或改变个人原有思路，使思想产生某种飞跃和质变，迸发出灵感的火花。我国古语说"石本无火，拍击而后发光"。

④ 逼发灵感　指情急能生智，在紧急情况下，不可惊慌失措，要镇静思考，谋求对策，解决某种问题的答案或启示，此时有可能在头脑中突然闪现。被西方誉为创造学之父的美国人奥斯本曾说过："舒适的生活常使我们创造力贫乏，而苦难的磨练却能使之丰富。""在感情紧张状态下，构想的涌出多数比平时快……当一个人面临危机之时，想象力就会发挥最高的效用。"

⑤ 灵感思维的培养　需要注意以下几点：

ⅰ. 要有需要创新思维的课题；

ⅱ. 必须具备一定的经验与知识；

ⅲ. 要有对问题进行较长时间的思考；

ⅳ. 要有解决问题的强烈愿望；

ⅴ. 要在一定时间的紧张思考之后转入身心放松状态；

ⅵ. 要有及时抓住灵感的精神准备和及时记录下来的物质准备。

（3）沿着事物各个方向进行创新思维

沿着各个方向思维是指从同一来源材料出发，产生为数众多且方向各异的输出信息的思维方式；或从不同角度进行构思、设想。其具体思维方式有以下几种。

① 发散思维　从某一思维点出发，运用已有的知识、经验，通过各种思维手段，沿着各种不同方向去思考，获得信息，重组信息。然后把众多的信息逐步引导到条理化的逻辑中去，以便最终得出结论。

发散思维要求速度，即思维的数量指标；要求新意，即思维的质量指标。例如要求被测试者在一分钟内说出砖的可能用途。一个人回答有：造房、铺路、建桥、搭灶、砌墙、堵洞、垫物。按数量指标他可得 7 分；质量指标却只能得 1 分，因为缺乏新意，全部是用做建筑材料功能。而另一个人的回答是：造房、铺路、防身、敲打、量具、游戏、杂耍、磨粉做颜料。对他的数量评分是 8 分；而质量评分却高达 6 分，他的回答使砖头的功能从建筑材料扩展到武器、工具、量具、玩具，乃至颜料。可见后者的发散思维水平比前者高。

② 横向思维　是相对纵向思维而言，纵向思维是利用逻辑推理直上直下思考，而横向思维是当纵向思维受阻时大脑急转弯，即换个角度想。这样可以让人排除优势想法，避开经验、常识、逻辑等，它能帮助思维者借鉴表面看来与问题无关的信息，从侧面迂回或横向寻觅去解决问题。例如曹冲称象的典故。

③ 逆向思维　是相对正向思维而言，正向思维是一种"合情合理"的思维方式，而逆向思维常有悖情理，在突破传统思路的过程中力求标新立异。运用逆向思维时，首先要明确问题求解的传统思路，再以此为参照，尝试着从影响事物发展的诸要素方面（如原理、结构、性能、方位、时序等）进行思维反转或悖逆，以寻求创新。例：司马光砸缸的典故；原理的逆向思维实例有，英国物理学家法拉第，由电生磁而想到磁生电，从而为发电机的制造奠定了理论基础；再如意大利物理学家伽利略，注意到水的温度变化引起了水的体积变化，这使他意识到，倒过来，水的体积变化也能看出水的温度变化，按这一思路，他终于设计出当时的温度计；结构的逆向思维实例有，螺旋桨后置的设计方案比前置的飞机要飞得快；性能的逆向思维实例有，由金属材料的热处理想到冷处理；方位的逆向思维实例有，朝地下发射的探矿火箭等。

多方向的思维模式与单向思维、固定思维模式比较，体现了思维空间的广阔性，思维路线的灵活性与多样性，思维频率的快捷性。这样，就容易产生新方案、新点子、新路子。

2.2 创 新 技 法

创新技法是源于创造学的理论与规则，是创造原理具体运用的结果，是促进事物变革与技术创新的一种技巧。这些技巧提供了某些具体改革与创新的应用程序，提供了进行创新探索的一种途径，当然在运用这些技法时，还需要知识与经验的参与。

2.2.1 观察法

观察法是指人们通过感官等器官或科学仪器，有目的、有计划地对研究对象进行反复细致的观察，再通过思维器官的综合分析，以解释研究对象的本质及其规律的一种方法。观是指用敏锐眼光去看，察是指用科学思维去想。

（1）构成观察的三个要素

① 观察者　观察者是观察的主体，观察者应具备与观察相关的科学知识、实践经验，另外还要掌握一定的观察技法。观察者除进行一系列有目的、有计划的观察外，还应时时做有心人，注意、留心某些意外的事物与现象，并随时记录下来，以备后用。

例如，法国科学家别奈迪克在实验室里整理仪器时，不小心将一只玻璃烧瓶摔落在地上，理应摔得粉碎，但当他拾起烧瓶时，发现烧瓶虽然遍体裂纹却没有碎，瓶内液体也没有流出来。当时他想，这一定是瓶内液体的作用。因当时很忙，就没来得及仔细研究，但他却及时地在烧瓶上贴了一张纸条，上面写着："1903 年 11 月，这只烧瓶从 3m 高处摔下来，拾起来就是这个样子。"几年以后，别奈迪克在报纸上看到一条新闻，一辆汽车发生事故，车窗的碎玻璃把司机与乘客划伤了。这时，他脑子里立即浮现出几年前实验室摔裂的烧瓶，只裂不碎，若汽车窗也能这样那该多好。别奈迪克赶紧跑回实验室，找出贴纸条的烧瓶，经过研究，他终于发现了瓶子裂而不碎的原因。原来，烧瓶曾装过硝酸纤维溶液，溶液挥发后，瓶壁上留下了一层坚韧而透明的薄膜，牢牢地粘在瓶子上。所以当它被摔时，只是震出裂纹而不破碎，也就没有碎片飞散出来。这样，一种防震安全玻璃就诞生了。

② 观察对象　作为客体的观察对象是各种各样的，若观察对象是实物，则应从该实物的结构、形态、位置、材料等方面进行观察；若观察对象为某一事件，则应注重观察事件的发生、发展、运动过程等；若观察的是某一事物或现象，那将观察该事物的起源、发生、结果，以及在整个时空领域出现的变化等。

③ 观察工具　观察工具是观察的一种辅助手段。观察工具的选择应有利于扩大观察范围，获得可靠、准确的观察结果。例如微小的物体可用显微镜观察，遥远的物体可用望远镜观察，有遮挡的物体可借助于能产生透视功能的射线进行观察。

例如一些科学家在观察蝴蝶飞行时，发现蝴蝶翅膀在扇动过程中，有三分之一的时间合并，这时飞行得不到空气的支持，令研究人员不可理解。直到有了高速摄影机这一谜团才揭开。根据高速摄影机拍摄黄粉蝶的飞行过程，研究人员才看到蝴蝶翅膀上下扇动时形成一个漏斗形状的喷气通道，喷气通道的长度、进气口和出气口的大小、形状都按一定的规律变化。蝴蝶飞行时，空气会沿着喷气通道从前向后喷出。原来蝴蝶是利用喷气原理进行飞行的。

（2）进行观察的三种技巧

观察除直接观察、正面观察外，还要根据实际情况变换观察的技巧，使观察有效。

① 重复观察　对相似的或重复出现的现象以及事物进行反复观察，以捕捉或解释这些重复现象中隐藏的或被掩盖的，而没有被发现的某种规律。例如，我国著名的气象学家竺可桢创造的"历史时代世界气候波动"理论，写出的《中国近五千年气候变迁的初步研究》论文，这些与他长期重复观察是分不开的，他从青年时期一直到逝世前一天，每天起床第一件事就是观察，并记录气温、气压、风向、温度等气象要素。

② 动态观察　创造条件使观察对象处于变动状态（改变空间、时序、条件等），再对不同状态下的对象进行观察，以获取在静态条件下无法知道的情况。例如，将金属材料降低温度至绝对零度（−273℃）发现其电阻为零，出现超导现象，由此制成磁悬浮轴承或磁悬浮列车等；观察机器的振动现象，也只有让机器运转起来才会使观察结果可靠。

③ 间接观察　当正面观察或直接观察受阻时，可采用间接的方式。即通过各种观察工具，通过各种仪器、仪表等。例如，通过应变仪可以观察到零件受载时的应力分布，从而可以合理地设计零件的结构，使其应力分布合理，工作寿命延长；通过潜望镜可以观察到水面上的情况，用来计划潜艇的航向等。

2.2.2　类比法

将所研究和思考的事务与人们熟悉的、并与之有共同点的某一事物进行对照和比较，从比较中找到它们的相似点或不同点，并进行逻辑推理，在同中求异或异中求同中实现创新。常用的具体类比技巧有以下三种。

① 相似类比　一般指形态、功能、空间、时间、结构等方面的相似。例如，尼龙搭扣的发明就是来自于名叫乔治·特拉尔的工程师运用了功能类比与结构类比的技法实现的。这位工程师在每次打猎回来时总有一种叫大蓟花的植物粘连在他的裤子上，当他取下植物与解开衣扣时进行了无意的类比，感觉到它们之间功能的相似，并深入分析了这种植物的结构特点，发现这种植物遍体长满小钩，认识到具有小钩的结构特征是粘连的条件。接着运用结构相似的类比技法设计出一种带有小钩的带状织物，并进一步验证了这种连接的可靠性，进而采用这种带状织物代替普通扣子、拉链等，也就是现在衣服上、鞋上、箱包上用的尼龙搭扣。

② 拟人类比　指从人类本身或动物、昆虫等结构及功能上进行类比、模拟，而设计出诸如各类机器人、各类爬行器，以及其它类型的拟人产品。例如，日本发明家田雄常吉在研制新型锅炉时，就将锅炉中的水和蒸汽的循环系统与人体血液循环系统进行类比。即参照人体的动脉和静脉的不同功能以及人体心脏瓣膜阻止血液倒流的作用，进行了拟人类比，发明了高效锅炉，使其效率提高了10%。例如，类比鲨鱼皮肤研制的泳衣提高了游泳的速度。鲨鱼皮肤的表面遍布了齿状突出物，当鲨鱼游泳时，水主要与鲨鱼皮肤表面上齿状突出物的端部摩擦，使摩擦力减小，游速就增大。运用模仿类比技法，设计的新型泳衣由两种材料组成，在肩膀部位仿照鲨鱼皮肤，其上遍布齿状突出物；在手臂下方采用光滑的紧身材料，减小了游泳时的阻力。在悉尼奥运会上这种泳衣获得了130个国家、地区游泳运动员的认可。

③ 因果类比　指由某一事物的因果关系经过类比技法而推理出另一类事务的因果关系。例如，由河蚌育珠，运用类比法推理出的人工牛黄；由树脂充孔形成发泡剂，而推理出水泥充孔形成气泡混凝土。

著名哲学家康德曾说过："每当理智缺乏可靠论证的思路时，类比这个方法往往能指引我们前进。"

2.2.3 移植法

移植法指借用某一领域的成果，引用、渗透到其它领域，用以变革和创新。移植与类比的区别是，类比是先有可比较的原形，然后受到启发，进而联想进行创新；移植则是先有问题，然后去寻找原形，并巧妙地将原形应用到所研究的问题上来。主要移植内容有以下三种。

① 原理的移植　指将某种科学技术原理向新的领域类推或外延。例如，二进制原理用于电子学（计算机），还用于机械学（二进制液压油缸、二进制二位识别器等）；超声波原理用于探测器、洗衣机、盲人拐杖等；激光技术用于医学的外科手术（激光手术刀）用于加工技术上产生了激光切割机，用于测量技术上产生了激光测距仪等。

② 方法的移植　指操作手段与技术方案的移植。例如，金属电镀方法移植到塑料电镀上。

③ 结构的移植　指结构形式或结构特征的移植。例如，滚动轴承的结构移植到移动导轨上产生了滚动导轨，移植到螺旋传动上产生了滚动丝杠；积木玩具的模块化结构特点移植到机床上产生了组合机床，移植到家具上产生了组合家具等。

2.2.4 组合法

组合法指将两种或两种以上的技术、事物、产品、材料等进行有机的组合，以产生新的事物或成果的创造技法。磁半导体发明者，日本科学家菊池诚说："我认为发明有两条路，第一条是全新的发明，第二条是把已知其原理的事实进行组合"。据统计，在现代技术开发中，组合型的发明成果已占全部发明的 $60\%\sim70\%$。可以看出组合创新具有非常的普遍性与广泛性。常用组合形式有以下几种。

① 功能组合　指多种功能组合为一体的产品。例如，生产上用的组合机床、组合夹具、群钻等，生活上用的多功能空调、组合音响、组合家具。数字办公系统集复印、打印、扫描及网络功能于一体，既快速又经济。如图 2-3 所示，这种数字办公系统可以在一页上复印出 2 页或 4 页的原稿内容，可以每分钟打印 A4 幅面 16 页，可以直接扫描一个图像和文件，可作为电子邮件的附件发送，还具有网络传真、传真待发等功能。

功能组合的特点是，每个分功能的产品都具有共同的工作原理，具有互相利用的价值，产生明显的经济效益。多功能产品已经成为商品市场的一大热点，它能以最经济的方式满足人们日益增长的多样化的需要，使消费者以最少的支出获得最大的效益。

② 技术组合　指不同技术成分组合为一种新的技术。在组合时，应研究各种技术的特性、相容性、互补性，使组合后的技术具有创新性、突破性、实用性。例如，1979 年诺贝尔生理学和医学奖获得者英国发明家豪斯菲尔德所发明的 CT 扫描仪，就是将 X 射线人体检查的技术同计算机图像识别技术实现了有机的结合，没有任何原理上的突破，便可以对人体进行三维空间的观察和诊断，并被誉为 20 世纪医学界最重大的发明成果之一。

③ 材料组合　指不同材料在特定的条件进行组合，有效地利用各种材料的特性，使组合后的复合材料具

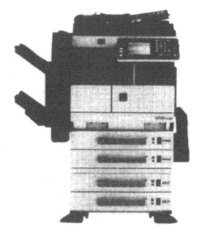

图 2-3　数字办公系统

有理想的性能。例如各种合金、合成纤维、导电塑料（在聚乙炔的材料中加碘）等。

④ 同类组合　将两个或两个以上同类事物进行组合，用以创新。进行同类组合，主要是通过数量的变化来弥补功能上不足，或得到新的功能。例如，单万向联轴器虽然连接了两轴，并允许它们之间可产生各个方向的角位移，但从动轴的角速度却发生了变化。将两个单万向联轴器进行同类组合，变成双万向联轴器，就可以既实现两轴之间的等角速度传动，又允许两轴之间可产生各个方向的角位移。类似的同类组合在机械设计中实例很多，本书第 4、5 章将有详细的介绍。在日常生活中，同类组合的实例也层出不穷。例如，最近，印度工程师发明了一种长寿灯泡，其奥秘就在于同类组合。其创新是在灯泡内安装了两根灯丝，在灯头上安装了两根钢丝。使用时，与普通灯泡一样，只有一根灯丝通电，但当这根灯丝烧断后，用户只需将灯头上的两根钢丝连在一起，灯泡仍可继续使用，从而延长其使用寿命。

⑤ 异类组合　将两个或两个以上异类事物进行组合，用以创新。进行异类组合，使参与组合的各类事物能从意义、原理、结构、成分、功能等任何一个方面或多个方面进行互相渗透，从而使事物的整体发生变化，产生出新的事物，获得了创新。例如，带有橡皮的铅笔、带有牙膏的牙刷、带有 U 盘的瑞士军刀（见图 2-4）、各类机电产品以及交叉学科等均为异类组合的创新产物。

2.2.5　穷举法

穷举法又称为列举法，是一种辅助的创新技法，它并不提供发明思路与创新技巧，但它可帮助人们明确创新的方向与目标。列举法将问题逐一列出，将事物的细节全面展开，使人们容易找到问题的症结所在，从各个细节入手探索创新途径。列举法一般分三步进行，第一步是确定列举对象，一般选择比较熟悉和常见的，进行改进与创新可获得明显效益的；第二步分析所选对象的各类特点，如缺点、希望点等，并一一列举出来；第三步则从列举的问题出发，运用自己所熟悉的各种创新技法进行具体的改进，解决所列出的问题。

① 希望点列举　列举、发现或揭示希望有待创造的方向或目标。希望点列举常与发散思维与想象思维结合，根据生活需要、生产需要、社会发展的需要列出希望达到的目标，希望获得的产品；也可根据现有的某个具体产品列举希望点，希望该产品进行改进，从而实现更多的功能，满足更多的需要。希望是一种动力，有了希望才会行动起来，使希望与现实更加接近。

例如，希望获得一种既能在陆地上行驶，又能在水上行驶，还能在空中行驶的水陆空三栖汽车。根据这样一个希望，这种三栖汽车已经问世。它可以在陆地上仅用 5.9 秒的时间使其行驶速度增至 100km/h，在水中可以 50km/h 的速度行驶，可以离开地面 60cm，并以 48km/h 的速度向前飞行。

例如，希望设计一种能够在各种材料上进行打印的打印机。沿着这样一个希望点进行研究，就研制出一种万能打印机，如图 2-5 所示。这种打印机对厚度的要求可放宽到 120mm，打印的材料可以是大理石、玻璃、金属等，并可用 6 种颜色打印。打印的字、符号、图形能耐水、耐热、耐光，而且无毒。

② 缺点列举　揭露事物的不足之处，向创造者提出应

图 2-4　带有 U 盘的瑞士军刀

解决的问题，指明创新方向。该方法目标明确，主题突出，它直接从研究对象的功能性、经济性、审美性、宜人性等目标出发，研究现有事物存在的缺陷，并提出相应的改进方案。虽然一般不改变事物的本质，但由于已将事物的缺点一一展开，使人们容易进入课题，较快地解决创新的目标。

具体分析方法有以下两种。

ⅰ. 用户意见法，设计好用户调查表，以便引导用户列举缺点，并便于分类统计。

ⅱ. 对比分析法，先确定可比参照物，再确定比较的项目（如功能、性能、质量、价格等）。

物理学家李政道在听一次演讲后，知道非线性方程有一种叫孤子的解。他为弄清这个问题，找来所有与此有关的文献，花了一个星期时间，专门寻找和挑剔别人在这方面研究中所存在的弱点。后来发现，所有文献研究的都是一维空间的孤子，而在物理学中，更有广泛意义的却是三维空间，这是不小的缺陷与漏洞。它针对这一问题研究了几个月，提出了一种新的孤子理论，用来处理三维空间的某些亚原子过程，获得了新的科研成果。对此李政道发表过这样的看法："你们要想在研究工作中赶上、超过人家吗？你一定要摸清在别人的工作里，哪些地方是他们的缺陷。看准了这一点，钻进去，一旦有所突破，你就能超过人家，跑到前头去了。"

图 2-6 是一个"好帮手"按摩器。按摩能消除疲劳、治病保健。但是不少按摩器无法按摩到身体的所有部位。而这种按摩器可以像毛巾一样贴紧身体的任何部位，如腰部、背部等，进行按摩，而且还能加大按压力度。

图 2-5　万能打印机

图 2-6　"好帮手"按摩器

2.2.6　集智法

集智法是集中大家智慧，并激励智慧，进行创新。该种技法是一种群体操作型的创新技法。不同知识结构、不同工作经历、不同兴趣爱好的人聚集在一起分析问题、讨论方案、探索未来一定会在感觉和认知上产生差异，而正是这种差异会形成一种智力互激、信息互补的氛围，从而可以很有效地实现创新效果。常采用的具体做法有以下几种。

① 会议式　也称头脑风暴法，是 1939 年由美国 BBDO 广告公司副经理 A·F·奥斯本所创立。该技法的特点是召开专题会议，并对会议发言作了若干规定，通过这样一个手段造成与会人员之间的智力互激和思维共振，用来获取大量而优质的创新设想。会议的一般议程有以下几项。

ⅰ. 会议准备：确定会议主持人、会议主题、会议时间、参会人（5～15 人为佳，并且专业构成要合理）。

ⅱ．热身运动：看一段创造录像，讲一个创造技法故事，出几道脑筋急转弯题目，使与会者身心得到放松，思维运转灵活。

ⅲ．明确问题：主持人介绍要简明，提供最低数量信息，不附加任何框框。

ⅳ．自由畅谈：无顾忌，自由思考，以量求质。有人统计，一个人在相同时间内比别人多提出两倍设想的人，最后产生有实用价值的设想的可能性比别人高10倍。

ⅴ．加工整理：会议主持人组织专人对各种设想进行分类整理，去粗取精，并补充和完善设想。

② 书面式 该方法是由德国创造学家鲁尔巴赫根据德意志民族惯于沉思的性格特点，对奥斯本智力激励法加以改进而成。该方法的主要特点是采用书面畅述的方式激发人的智力，避免了在会议中部分人因疏于言辞、表达能力差的弊病，也避免了在会议中部分人因相争发言、彼此干扰而影响智力激励的效果。该方法也称635法，即6人参加，每人在卡片上默写3个设想，每轮历时5分钟。

具体程序是：会议主持人宣布创造主题→发卡片→默写3个设想→5分钟后后传阅；在第二个5分钟要求每人参照他人设想填上新的设想或完善他人的设想，半小时就可以产生108种设想，最后经筛选，获得有价值的设想。

③ 卡片式 该法是日本人所创，也是在奥斯本的头脑风暴法的基础上创立的。其特点是将人们的口头畅谈与书面畅述有机结合起来，以最大限度充分发挥群体智力互激的作用和效果。

具体程序是：召开4～8人参加的小组会议，每人必须根据会议主题提出5个以上的设想，并将设想写在卡片中，一个卡片写一个。然后在会议上轮流宣读自己的设想。如果在别人宣读设想时，自己因受到启示产生新想法时，应立即将新想法写在备用卡片上。待全体发言完毕后，集中所有卡片，按内容进行分类，并加上标题，再进行更系统的讨论，以挑选出可供采纳的创新设想。

以上介绍了6种创新技法，在具体运用时，可以分别使用，但实际上这些技法往往联合起来应用。

例如，组合牙刷的设计过程，首先运用缺点与希望点列举法，列举了牙刷与牙膏分离使用的诸多不方便，尤其对外出旅行时携带的不便，以及牙膏被挤压容易造成损坏与浪费等问题；然后采用异类组合的方法试图将牙膏与牙刷进行一体化设计；进行设计时考虑到牙膏被挤压的问题，又运用类比法，类比活塞挤压空气的原理，将牙膏管设计成刚性的灌装容器，用活塞的运动挤压出牙膏。设计的成品如图2-7所示。

图 2-7 组合牙刷

习题

2-1 运用联想方式提出至少3个新产品设想（填表）。

联想方式	基本信息	新产品概念
相似联想	折叠椅	
相关联想	汽车	
对比联想	吸顶灯	

2-2 分别运用相似、相关、对比三种联想方式将两端的名词连起来。（不考虑联想方式的运用顺序）

例如：食品柜（相似联想）→冰箱（相关联想）→压缩机（对比联想）→发动机

(1) 鱼——火

(2) 炉子——电吹风

(3) 红外线——石头块

2-3 创造想象降低地球温室效应的妙法。（摘自 2004.7 科学画报）

2-4 预示想象未来的城市交通。

2-5 按照捕捉灵感的方法，提出一项别开生面的家用电子新产品设想。

2-6 回忆自己的成长与学习过程，是否产生过灵感，是属于自发、触发、诱发还是逼发的？

2-7 利用发散思维方法写出纸的用途，（按用途的分类数量与总数量的结果评分）。

2-8 由于某种原因，需要用温度计测出小甲虫的体温，试利用横向思维方法找出解决的办法。

2-9 针对以下信息，运用逆向思维提出新设想（填表）。

基本信息	逆向思维结果（新设想）
水龙头	
跑步锻炼	
为防尘室内拖鞋	

2-10 观察图 2-8 中前两个算式，可发现一定的规律，按照这个规律，请在待选的图形中选择一个填到第三个等式右边。

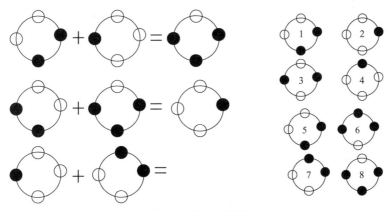

图 2-8 题 2-10 附图

2-11 观察图 2-9 所示的 9 种容器，从上向下倒水时，哪些容器的盛水量随水面高度的变化规律呈图 A 和图 B 曲线所描述的规律？

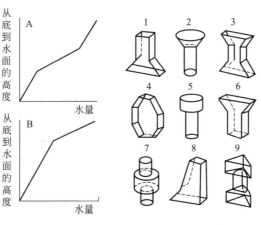

图 2-9 题 2-11 附图

2-12　分析以下设计可用什么进行类比，类比方式如何：高压锅密封装置的设计；钢球制造设备的设计；玻璃瓶的制造设备的设计。

2-13　在市场上进行观察或查阅资料的基础上填写下表。

移植方式	移植成果实例	
	原型	新成果
原理移植	原型	新成果
方法移植	原型	新成果
结构移植	原型	新成果

2-14　在市场上进行观察或查阅资料的基础上填写下表。

组合方式	新产品(或新技术、新方法实例)
功能添加	
同类组合	
异类组合	

2-15　运用缺点列举法提出改进普通自行车的若干新设想。

2-16　列举自己曾使用过的笔的种类，运用缺点与希望点列举法列出这些笔的特点，并提出改进设想。

2-17　运用集智法在课堂上进行集智法训练，题目有：

(1) 对海洋的利用前景；

(2) 对未来城市的设想；

(3) 对未来学校的设想。

3 机械系统方案设计的创新

3.1 机 械 系 统

由若干机械装置组成的一个特定系统称为机械系统。机械系统可能是一台机器，如机床、塑料挤出机、纺织机等，系统中主要包含有能量的转化，运动形式的转换等；也可能是一台设备，如化工容器、反应塔、变压器等，系统中主要包含有能量、物料形态与性质的转变等；还可能是一台仪器，如应变仪、流量计、振动试验台等，主要包含了信息与信号的变换。可以看出，不管机械系统以什么形式体现，它都不是一个空泛的概念，而是一个实体，是以产品形式体现的。

3.1.1 机械系统的组成

现代机械种类繁多，结构也越来越复杂，但从实现系统功能的角度出发，一般机械系统由四部分组成，它们是动力部分、传动部分、执行部分、控制部分。其中动力部分提供动力源，完成由其它能向机械能的转化；传动部分传递动力与运动，完成运动形式、运动规律等的转换；执行部分是系统的末端，是与作业对象接触的部分，用来改变作业对象的性质、状态、形状、位置等；控制部分是用来操纵与控制动力、传动、执行等部分协调运行，准确可靠地完成系统的预定功能。它们之间关系用框图描述如图 3-1 所示。

图 3-1 机械系统的组成

3.1.2 机械系统的特性

机械系统具有其固有的特性，了解机械系统的特性对于机械创新设计很有帮助。机械系统的特性主要体现在如下几个方面。

① 延续性 从历史的观点分析各类机械产品，如汽车、计算机、机床等，会发现这些产品今天的性质、性能等与发明这些产品的初期，具有很大的差距。尽管如此，这些产品的主要功能并未改变。如汽车主要功能还是载人载物，计算机还是运行程序与计算，机床也还是用于机械加工。可以看出系统主要功能没有改变，但系统却发展了。

实际世界上大多数新产品是延续老产品的功能，在老产品的基础上开发出来的。因此在进行产品研发决策时，要分析当前产品的技术水平，预测进化方向，确定产品发展的阶段。前苏联 TRIZ 中的技术系统进化（technology system evolution）理论为产品的开发提供了强有力的预测工具。了解和掌握这样的工具，将会对机械系统的方案设计与创新很有帮助。

Altshuller 是 TRIZ 理论的创始人，它在分析大量专利的过程中发现，系统的发展、产品的改进都是有规律可循的。对于一个具体的系统来说，对其子系统和元件进行改进就可以提高整个系统的性能，也就使系统得以进化与发展。并提出了 S 形进化曲线的概念，图 3-2 所示为产品进化的 S 形曲线。将一代产品划分为婴儿期、成长期、成熟期、衰退期。对处于婴儿期和成长期的产品应抓紧对产品的结构与参数等进行优化，使其尽快进入成熟期，为企业带来利润；对进入成熟期和衰退期的产品，应及时开发新的替代技术，以便推出新一代产品，使企业在竞争中处于优势。因此，正确判断曲线中的每个拐点位置是很重要的。图 3-3 描述了产品的更新换代，形成了 S 形曲线族。可以看出产品在换代时，老产品与新产品有一段共存期。

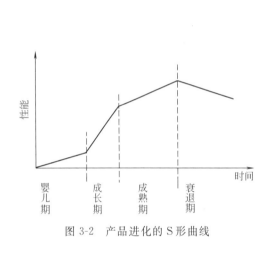

图 3-2　产品进化的 S 形曲线

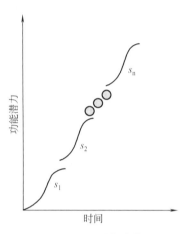

图 3-3　S 形曲线族

② 相关性　每个机械系统一般都由若干个子系统组成，子系统又由各种元件与操作构成。例如减速器是机床的一个子系统，而减速器又由齿轮、轴、轴承、箱体等各类元件构成，各元件之间又完成各类操作，如连接、运动的转换、支承等操作。系统中的各子系统之间互相影响，互相关联，同时各子系统也影响着系统，而系统又受超系统的制约。超系统可以理解是系统的环境，系统得以存在的条件。这种各子系统之间，系统与子系统之间，以及系统与超系统之间相互关联的性质称为系统的相关性。

例如汽车是一个系统，它具有动力、传动、车体等子系统，动力性能、传动性能、车体形状等都影响着汽车的质量；但汽车本身又受超系统，即交通系统的制约。进行创新设计时要考虑这种相关性的问题，合理地利用关系，使得设计方向有利于系统的发展，而不是造成更大的制约。

③ 综合性　应该认识到现代的机械系统与传统的机械已经大不相同了，现代机械系统在上个世纪提出的广义机械（含有柔性机械）的基础上，又与不断涌现的各种新技术（电、光、声、热等）、新材料（陶瓷、纳米等）、新工艺（快速成型等）密切相关，相互渗透，已经发展成综合性的、集成功能的大系统。

例如超声电机的出现，它就是运用逆压效应与超声振动的原理，实现了具有大转矩、良好的控制性能与断电自锁的新型电机产品。这种电机可用在机器人、医疗设备、照相机以及汽车上等。进行创新设计时应充分认识到机械系统的综合特性，开阔视野与思路，充分运用各种新技术，创造出更新的产品。

3.1.3　机械系统设计的内容

机械系统的设计不论是在 S 形曲线的各拐点位置，还是处于开发下一代产品交替的位置，或者开发一种全新的产品，一般都须经历 4 个阶段。

（1）产品规划阶段

产品规划阶段主要是进行市场需求调研与预测，进行国内外信息的研究与分析。论证产品开发的必要性、可行性，进而确定产品的功能目标，也可称其为功能设计阶段。

（2）方案设计阶段

方案设计阶段主要是以系统的总功能目标为基础，继续对系统进行分析、分解，确定各子系统的分功能及功能元；并针对各功能目标进行创新、探索、优化、筛选，从而确定较理想的工作原理方案；最后还要针对不同的工作原理进行构型综合，确定机构类型与结构形状。

（3）技术设计阶段

技术设计阶段主要是在方案原理设计的基础上，进行系统中零部件的尺寸、形状、结构、强度、刚度、精度设计；绘制出相应的工作图，编制出相应的设计技术资料。

（4）施工设计阶段

施工设计阶段是在技术设计的基础上进行加工、制造等工艺设计；进行安装、调试、维护及使用说明。

在这四个设计阶段中，每个设计阶段都具有创新与发展，都对产品的性能、成本、使用与竞争力有很大的影响。本章主要论述了前两个阶段的创新设计过程与方法。后两个阶段的创新设计方法会在后续各章陆续进行研究与讨论。

3.2　产品规划的创新问题

在创新设计中往往不是按照已经有的任务进行设计，更多的是设计任务。

在全国大学生机械创新设计大赛的活动中，曾提出了各种创新主体与内容。有围绕健康与爱心的主题，要求设计健身、助残、康复等机械产品；还有围绕绿色与环境的主题，设计环保、环卫、厨卫等机械产品。至于何种产品，实现何种具体功能，需要大学生们自己构思与创造。为了完成这样一个主题，大学生们进行了广泛的社会调研、市场调查以及技术成果查新等，又经过各种创新技法的运用，开发出许多很具有创造力的各式产品，有一部分还获得了国家发明专利。经过这样一个实践过程，强烈地感觉到产品规划阶段创新的重要性，很有必要探讨一些关于产品规划的创新问题。

现代社会中产品的种类繁多，花样更新快，如何使自己的产品具有竞争的实力，长期占据市场，这就需要了解一些关于产品规划阶段的创新技术与模式。

前文已经说明，现代社会的许多机械产品就其功能而论是历史延续的结果，是在老产品的基础上开发出来的。例如，汽车的载人载物功能、机床的加工制品功能等。因此，研究如何在老产品的基础上创新、开发新产品的问题是本文要讨论的主要内容，其次再探讨全新功能的产品规划的创新问题。

3.2.1　产品的系列化

产品的系列化是指在已有产品的基础上，利用其现有的技术平台，为满足不同层次的需要，开发、衍生出系列产品。这样规划创新的优越性在于该项产品的设计、制造、材料等各个技术平台已经很成熟，销售也有市场，只是在产品的外观、大小、辅助功能等方面进行一些略微的修改与变化，却可以赢得更广泛的市场，更加巩固产品的地位。

例如，日本索尼公司在"随身听"产品的创新中，根据不同消费者的偏好与习惯，有针对性地推出不同风格的"随身听"产品。其中有满足儿童使用的小巧型，为满足在运动中使用的防震型，为满足在海滩娱乐使用的防水型等。仅 20 世纪 80 年代初到 90 年代初，索尼公司在美国市场上就推出 572 种随身听。

可以看出，这种规划创新的特点是，这些系列产品是同一代的产品，只是增加或改进产品的辅助功能，或改进产品的外形结构，进而衍生出不同形式的系列化产品，实现产品的创新。

3.2.2 产品性能的完善

产品性能的完善是指，在现有产品的基础上，运用现代的科学与技术、新型的材料以及现代的理念等，再经过深入的考察与分析，改进现有产品，使其性能更趋于完善，更具有竞争力。

产品性能的完善可以从以下几个方面考虑：

ⅰ．增加产品的动态性与可靠性；

ⅱ．增加产品的自动化程度，减少人的介入；

ⅲ．提高能量流的传递效率；

ⅳ．注意用户的兴趣质量。

例如，汽车的变速装置，手动控制时需要综合考虑载荷、路况、交通状况、发动机的工作情况以及人为的主观需要等多种因素，使得驾驶汽车成为较难掌握的一种技能。而自动变速器的产生已将车速、发动机转速、水温、油温、节气门位置、挡位等各种有关信息进行综合处理，然后做出决策，控制发动机与输出轴之间速比的变化。在驾驶的过程中基本不需要频繁地变换挡位，使驾驶变得轻松了。这就是增加产品的自动化程度，减少人的介入的创新产品。

产品性能是否完善还可以从使用者的角度来考虑，诸如使用是否舒适、操作是否方便、外观是否漂亮等；还可以从加工、成本等诸方面考虑其是否完善，如是否方便大批量生产，材料是否经济、实用等。下面以自行车为例说明之。截至 19 世纪末期自行车载人行使的基本功能已经基本完善，其主要结构包括：两个被张紧、带有辐条的轮子，棱形车架和驱动链。如图 3-4 所示。然而到了 20 世纪 80 年代，传统的自行车又开始发生了变化，车架不再是棱形的钢制的，增加了变速系统，车座后有靠背，使人更舒适，如图 3-5 所示。这是人们根据空气动力学、材料学、人机工程学等对自行车进行改进，从而实现进一步提高创新；另外，用户总是希望一些新颖的、令人兴奋的事物，即使产品功能并非有很多的提高。

图 3-4　1890 年的 Hunmber 自行车

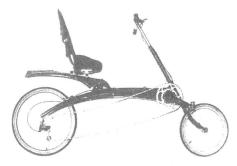

图 3-5　BikeE 公司 Fanta 自行车

3.2.3 产品功能的集成与组合

产品功能的集成主要是指那些具有共同或相近的技术特点，可以比较方便地在同一个技术平台上开发和实现其它功能，即将各种功能进行组合，而生成一个具有多功能的新产品。

例如，钻铣床就是将原有的钻床与铣床进行组合而生成的新产品；进而各种组合机床，乃至加工中心都可以看作是产品功能集成的创新产品。

再例如，图 3-6 所示的手机显微镜，是一种便携式的荧光显微镜与手机融为一体的组合创新产品。它可以拍摄详细影像，然后对影像进行分析并诊断疾病。

3.2.4 产品技术的扩展与渗透

产品技术的扩展与渗透主要是指将原有产品所在的技术系统扩展、渗透到其它系统或超系统，而产生创新产品。例如工程上的爆破技术扩展到医学上产生了对某种器官内结石的破碎；再如图 3-7 所示的磁力金属带传动装置，就是将电磁的物理效应渗透到机械传动中而产生的创新产品。其中环形金属带 2 是连续导磁体；带轮的轮毂外圈 5 与轮辐 7 均为导磁体，轮毂内圈 9 为绝缘体；轮辐上安装有与电源相接的激磁线圈 6，轮缘上有导磁体 4 与绝缘体 8 相间连接而成；该装置的控制部分包括，进电装置滑环和电流调节器。滑环套在传动轴上，并向激磁线圈供电，以产生磁场。磁力线由带轮的轮辐、轮缘、金属带及轮毂的外圈形成闭合回路，从而产生轮缘向带的吸引力。

图 3-6 手机显微镜

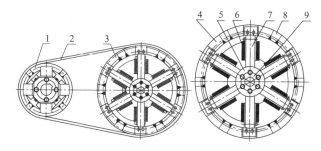

图 3-7 磁力金属带传动装置

1、3—带轮；2—环形金属带；4—导磁体；5—轮毂外圈；

6—激磁线圈；7—轮辐；8—绝缘体；9—轮毂内圈

3.2.5 开发新产品

开发新产品是指在完全没有老产品的情况下，开发出全新的产品，即构思一个全新的概念，这是一项令人愉快的工作。它需要从两个方面考虑，一个是考虑先进科学知识与技术的发展情况，另一个是考虑现代的需求的信息。这也就是所谓技术的推动与需求的拉动是创新产品的源泉。

例如计算机三维构型技术已经很成熟，应用软件也相当丰富，但它所构造的毕竟是一个虚拟的形状，如何使其实体化，从 20 世纪 80 年代末就开始这方面技术与产品的创新。1988 年 6 月世界上第一种商品化的快速成型制造系统问世，成功地解决了计算机三维造型的"看得见，摸不着"的问题。在成型过程中，将计算机存储的三维形体信息传递给成型机，通过材料逐层堆积方法直接制造成型。而传统的制造零件方法是运用某种工具或手段切除材料，由毛坯变成零件，采用的是"减法"。快速成型采用的则是"加法"。显然，快速成型制造技术是在制造思想上的一个重大突破。这种突破与创新是与计算机技术的发展分不开的。

关于需求拉动创新的实例也是很多的，例如人类要探索宇宙，就需要研制与宇航相关的产品；人类要研究人类本身，就需要研制扫描、超声检测、微型机器人等医用产品与技术；发电、化工等行业中有各种直径不同的工业管道，长期使用后会产生腐蚀、结垢、损伤等，进而会发生事故。因此迫切需要开发一些可携带探测传感器，携带维修工具等的管道机器人。另外随着社会的进步与发展，人们的需求也随之提高，各种方便、宜人、美观日用产品也需要大量的开发，所以需求情况是需要进行大量的调查、分析、研究与决策的。

3.3 方案设计的创新问题

3.3.1 功能分析与综合

产品规划完成后就要进行产品的方案设计，一个比较简单的机械产品就可根据其要实现的基本功能直接进行方案设计；但一个规模较大的机械产品，除了主要功能以外，还有许多重要的辅助功能，直接进行方案求解有一定困难，很有必要首先进行功能的分解，分解出各项分功能、子功能、乃至功能元，再对每个分功能、子功能、乃至功能元进行方案求解，就会容易多了。

另一方面，为了更好地进行方案设计，还应首先分析与判断与功能相对应的作用（效应），以便针对不同的效应寻求各自的解，这就需要对现有产品进行功能分类。

3.3.1.1 功能分类

（1）按机械系统的组成进行功能分类

① 驱动功能 为系统提供能量或动力，它接受测控部分发出的指令，执行驱动部分工作。其功能载体为各种类型原动机，如电动机、内燃机等。

② 传动功能 传递驱动和执行部分之间的运动和动力，包括运动形式、性质、方向、大小的变换。其功能载体可以是机械式、液压气动式、电磁式等。

③ 执行功能 实现和完成产品的最终功能。简单系统可用简单的构件实现特定的动作；复杂的系统有多个执行功能，各动作需要协调与配合。

④ 控制功能 包括检测、传感与控制。它把系统工作过程中各种参数和工作状况检测出来，变换成可测定和可控制的物理量，传送到信息处理部分，并发出对各部分的工作指令和控制信号。

（2）按机械系统中三要素变换的物理作用进行分类

所谓三要素变换的物理作用是指机械系统中不可缺少的关于能量、物质、信号三要素的输入、输出参量的因果关系。其关系模型如图3-8所示。图3-9所描述的是照明系统与普通洗衣机的三要素变换模型图。

为了有利于开拓与创新，常把机器、设备、仪器中的复杂过程，即功能归结为物理的基本作用类型。例如洗衣机的工作过程实际就是"分离"的作用，即污物与衣物的分离；齿轮减速器的过程实际上就是物理意义上的"缩小"。这样就把复杂、繁多的具体功能归结为简单的较少的基本活动，撇开物理量的类型，使分析过程简化，同时也使得在进行方案设计时不受旧框框的限制，容易开阔思路，开发创新产品。

下面列出了系统中经常出现的具体功能的物理作用及其反作用：

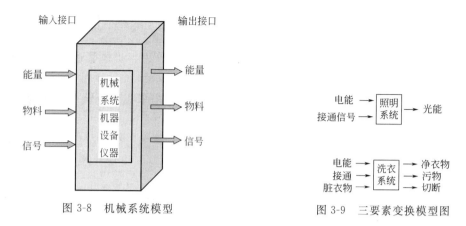

图 3-8　机械系统模型

图 3-9　三要素变换模型图

① 转变-复原　凡是引起能量、物质或信号特性发生变化的活动都应称为转变或复原。具有类型的特征。

能量的转变是指能量形式的转变，例如热能、电能、光能、声能、动能、势能、化学能等就是不同形式的能量。

物质的转变包括物质特性的转变，如物质的磁性与非磁性的转变，物质的传导性、非传导性和超导性的转变等；包括物质形状的转变，如物料的圆形、方形、颗粒形、奇异形等转变；还包括物质状态的转变，如固态、液态、气态的转变等。

信号的转变可以理解为某种物理量转变为另一种物理量，如电信号（电流/电压）转变为机械信号（位移、速度或加速度）。

② 放大-缩小　一切使物理量放大或缩小的活动都称为放大或缩小。具有大小的特征。

能量参量的放大或缩小常见的有，传动机构的转速与转矩的增减、功率的变化、温度的升降、电压的增减等。

物质特性的放大-缩小是指材料特性数量的改变过程，如材料导电率的提高与降低，反射率的改变等。

信号流的放大-缩小指常见的机械、气动、液动或电动的放大器等。

③ 混合-分离　凡是根据不同的物理特性参量（密度、原子量、波长、频率、几何形状等）使两个或几个混合在一起的流分离开，或者使已经分开的流混合在一起的活动都应称为分离-混合。或者使能量和物料、能量和信号、物质和信号混合和分离的过程也称为混合-分离。具有数量的特征。

例如物料水与能量的结合形成了具有压力的水，用于各种液体增压装置，如水泵；暖气片中的热水，通过热传导、对流和辐射将热水中的热量与水分离。

④ 接合-分开　用来把体现能量的物理量如功率、力、位移等合成（相加），或者分解成几个分量的过程；以及用来产生或取消相同或不同物料间结合力的活动都可归纳为接合-分开。具有位置的特征。

例如差速器是分解力流的装置；焊接、粘接、切削或者剪断等工艺是物质合成与分解的操作的实例。

⑤ 存储-取出　能量、物质、信号可以存放起来，或从存储器中取出来的活动称为存储-取出。具有数量、位置、时间的特征。

例如用来实现能量存储的基本操作有飞轮、弹簧、压缩的汽缸、电池等；用来实现物料存储器有容器、汽缸、仓库等；用来存储信息的有各种存储器，如磁盘、光盘、磁卡等。

⑥ 传导-中断　指能量、物质、信号通过电流、光纤、管道、机构等进行传输或断开的活动。具有位置与时间的特征。

例如机构运动的传递、管道的阀、电器上的开关等都是用来实现传导-中断的操作。

现有机构能实现的基本功能有以下几种。

ⅰ．变换运动的形式。运动形式主要有转动，单、双向移动，单、双向摆动，间歇运动等。

ⅱ．变换运动的速度。即减速、增速、变速、调速等。

ⅲ．变换运动的方向。主要指转动件的两轴线可平行、相交、空间交错，对于空间连杆机构与空间凸轮机构可在运动空间实现任意方向运动的变换。

ⅳ．进行运动的合成与分解。两个自由度的机构，以及各种差速机构。

ⅴ．对运动进行操纵与控制。主要指各种离合装置、操纵装置。

ⅵ．实现给定的运动轨迹。机构中的浮动构件可实现各种轨迹要求，如连杆机构中的连杆、行星齿轮机构中的行星齿轮、挠性件传动机构中的挠性构件等。

ⅶ．实现给定的运动位置。指两个连架杆的对应位置，以及浮动构件的导引位置。

ⅷ．实现某些特殊功能。有增力、增程、微动、急回、夹紧、定位、自锁等。

3.3.1.2　功能分解

一个系统的总功能是该系统中各子系统乃至各个元件共同完成的。各子系统分担各自的分功能、子功能、乃至功能元，各分功能的类型不完全相同，它们之间有联系，也有区别。为了更方便地求得功能解，即确定实现功能的设计方案，需要将系统的总功能进行分解。另外可能有的分功能已经有了定型化的产品，可以直接购置，没有必要再继续研制。或有些分功能已经研制出来，可以直接拿来使用，例如减速器、发动机、电路板等。

功能分解图的结构形状有树状结构（称为功能树）、串联结构、并联结构以及环形结构，如图 3-10 所示。

通过以上的分解，就可将任务书给出的总功能划分为已知的分功能或基本功能，并把分功能或基本功能逻辑地连接起来，从而产生所要求的整个系统的因果关系。

例如，任务书要求设计一个包装乳状化妆品的自动包装机，能量源为电能。按系统三要素变换模型进行功能分析，如图 3-11 所示。可以看出基本功能的具体运作过程不明显，

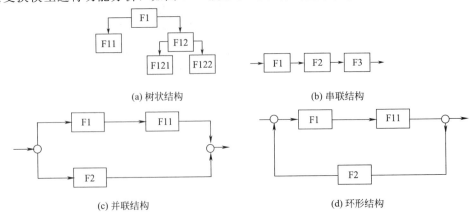

图 3-10　功能结构图

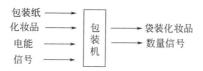

图 3-11　自动包装机黑箱

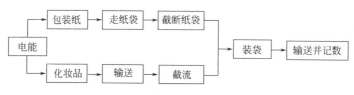

图 3-12　自动包装机功能分解结构图

不好操作。若将功能进行分解，把每个分功能的具体物理作用充分体现出来，进一步确定工作原理就容易了。功能分解结构见图 3-12。

图 3-13 所示为齿轮减速器的近似树状功能结构图。

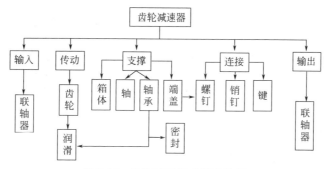

图 3-13　齿轮减速器功能结构图

3.3.2　原理综合

在功能分析与综合的基础上，方案设计阶段的主要工作就是原理综合。原理没有一个统一的规律可遵循，其方案解是发散的。例如洗衣机的主要功能可以抽象地描述为分离，即污物与衣物的分离，探索实现这一功能解的过程就是明确效应，确定其工作原理，一旦确定了工作原理，就要按照工作原理寻求相应的工艺动作。其中每一步骤都存在多个解，每个解都是创新的产物。例如分离功能可以看作是物理效应，也可以看作是化学效应；效应的载体可以是水，也可以是汽油（干洗）；而工作原理更是多解的，可以利用水与衣物通过旋转产生摩擦进行分离，也可以添加洗衣粉作为表面活性剂加速分离，还可以利用超声波产生很强的水压，使衣物纤维振动实现分离；为工作原理的实现要寻求相应的工艺动作，例如为实现水或衣物的旋转就有拨轮或滚筒等不同形式的结构。可以看出方案是很多的，最后要根据实用性、经济性、可靠性等各项性能指标进行评定推出其中一种方案。因此方案设计的过程是发散-收敛的过程，是创新的过程，是最富有创造性的阶段。

在进行原理综合时，除了合理地运用第 2 章介绍的创新思维方法与各种创新技法外，本节还推荐了四种方法：技术冲突解决原理（TRIZ 理论）、建立原理解目录、资源的分析与利用、建立形态矩阵。

3.3.2.1　技术冲突解决原理（TRIZ 理论）

TRIZ 理论认为发明问题的核心是解决冲突。设计人员在设计过程中不断发现冲突，并利用相应的发明原理解决这些冲突，使产品向理想化方向进化。

（1）设计中的技术冲突

设计时，设计人员往往为改善或提高某些子系统的性能，而导致了系统中其它子系统或系统的性能变坏与降低，这就是设计中的冲突。例如，设计轴时为了使安装在轴端的零件定位可靠，常采用圆螺母定位，这就需要在轴上加工螺纹，反而削弱了轴的强度。机械系统的产品是多种多样的，因此产品中的冲突也是各种各样的，TRIZ 理论研究人员通过对世界上 250 万项专利的详细研究提出了 39 个通用工程参数来描述的技术冲突问题。这些通用工程参数见表 3-1。

表 3-1　通用工程参数名称表

序号	通用工程参数	序号	通用工程参数	序号	通用工程参数
1	运动物体的重量	14	强度	27	可靠性
2	静止物体的重量	15	运动物体作用时间	28	测试精度
3	运动物体的长度	16	静止物体作用时间	29	制造精度
4	静止物体的长度	17	温度	30	物体外部有害因素作用的敏感性
5	运动物体的面积	18	光照度	31	物体产生的有害因素
6	静止物体的面积	19	运动物体的能量	32	可制造性
7	运动物体的体积	20	静止物体的能量	33	可操作性
8	静止物体的体积	21	功率	34	可维护性
9	速度	22	能量损失	35	适用性及多用性
10	力	23	物质损失	36	装置的复杂性
11	应力与压力	24	信息损失	37	监控与测试的困难程度
12	形状	25	时间损失	38	自动化程度
13	结构的稳定性	26	物质或事物的数量	39	生产率

该表中的参数可分为三类：通用物理量与几何参数（No.1～12，No.17～18，No.21），通用负向技术参数（No.15～16，No.19～20，No.22～26，No.30～31），通用正向技术参数（No.13～14，No.27～29，No.32～39）。负向的含义是指这些参数若变大，系统的性能变差；正向的含义是指这些参数若变大，系统的性能变好。

对有些具有延伸含义的参数解释如下：

No.9 "速度"的含义除表示物体的运动速度，还可以表示过程或活动与时间之比；

No.10 "力"是指试图改变物体状态的任何作用；

No.13 "结构的稳定性"是指系统的完整性及系统各组成部分之间的关系，磨损、化学分解及拆卸均降低稳定性；

No.22 "能量损失"是指作无用功的能量，为减少能量损失，需要各种技术来改善能量的利用；

No.23 "物质损失"是指部分或全部、永久或临时的材料、部件及子系统等损失；

No.24 "信息损失"是指部分或全部、永久或临时的数据损失；

No.25 "时间损失"时间是指一项活动所花费的时间，改进时间损失则是减少一项活动所花费的时间；

No.26 "物质或事物的数量"是指材料、部件、子系统的数量，它们可以被部分或全部、临时或永久地被改变；

No.27 "可靠性"是指系统在规定的方法及状态下完成规定功能的能力；

No.31 "物体产生的有害因素"是指由系统操作的一部分产生的。

（2）发明原理

在对全世界专利分析研究的基础上，TRIZ 理论的研究人员在抽象层次上提出了 40 条发明原理，每条发明原理又分为几种情况，用于指导冲突的解决和产品的创新。这些发明原理见表 3-2。

表 3-2　发明原理

序号	名称	序号	名称	序号	名称	序号	名称
1	分割	11	预补偿	21	紧急行动	31	多孔材料
2	抽取	12	等势性	22	变有害为有益	32	改变颜色
3	局部改变	13	反向	23	反馈	33	同质性
4	不对称	14	曲面化	24	中介物	34	抛弃与修复
5	合并	15	动态化	25	自服务	35	参数变化
6	多用性	16	未达到或超过的作用	26	复制	36	状态变化
7	套装	17	维数的变化	27	廉价替代品	37	热膨胀
8	质量补偿	18	振动	28	机械系统的替代	38	加速强氧化
9	预加反作用	19	周期性作用	29	气动与液压结构	39	惰性环境
10	预操作	20	有效作用的连续性	30	柔性壳体或薄膜	40	复合材料

下面通过实例分析、说明各条发明原理的含义，以方便应用。

① 分割

ⅰ. 将一个物体分成相互独立的部分。例如组合家具、组合机床等。

ⅱ. 将一个物体分成容易拆装的部分。例如，利用振动筛筛选物料时，物料对筛网的腐蚀及作用力使筛网容易局部损坏，从而造成整个筛子报废。若将筛网设计成由互相独立的小块筛网组装而成，使用时，哪块损坏就拆卸下来换掉，延长了整个振动筛的使用寿命。

ⅲ. 提高物体的可分性。例如设置不同的回收箱以方便不同材料的回收。

② 抽取

ⅰ. 将物体中产生负面影响的部分分离出去。例如空调，将产生噪声的空气压缩机分离出去，放在室外。

ⅱ. 将物体中关键部分抽取出来。例如用光纤分离主光源，以增加照明点。

③ 局部改变

ⅰ. 将物体、环境的均匀结构变为不均匀的。如将恒定的温度设置为变化的。

ⅱ. 使物体的各个部分各具有不同的功能。例如，红蓝铅笔分别设置在铅笔的两端。

ⅲ. 使物体各部分都能发挥最大的作用。例如带有起钉器的榔头。

④ 不对称

ⅰ. 将物体由对称的变为不对称的。例如当轴和轴承的刚度较差，由于轴和轴承的变形使齿轮沿齿宽不均匀接触造成偏载时，可以将对称结构的齿轮设计成不对称结构，用以补充这种变形。见第 5 章的图 5-7。

ⅱ. 增加物体的不对称程度。如为抵抗外来冲击，使轮胎一侧强度大于另一侧。

⑤ 合并

ⅰ. 在空间上将相似的物体或相近的操作加以组合。例如集成电路板上多个电子芯片。

ⅱ. 在时间上将物体或操作连续或并行。例如在相同的钢板上钻相同的孔，可以将它们装卡在一起，一次完成加工，避免了多次装卡的麻烦，减少了加工时间，提高了生产效率。

⑥ 多用性

使一个物体具有多种功能。例如多功能钳，具有缕丝、夹紧、起钉子等多功能；再如将老人出行用的拐杖设计成拐杖加板凳多种用途。

⑦ 套装

ⅰ. 将第一个物体放入第二个物体中，将第二个物体放入第三个物体中，如此进行下去。如装有铅笔芯的自动铅笔。

ⅱ. 使一个物体穿过另一个物体的空腔。例如，收音机的伸缩天线，折叠雨伞的可伸缩的撑杆等。

⑧ 质量补偿

ⅰ. 用另一个能产生提升力的物体补偿第一个物体的质量。如用氢气球悬挂的条幅。

ⅱ. 通过环境相互作用产生空气动力或液体动力的方法补偿物体的质量。例如，动压轴承就是靠液体动力的方法补偿轴颈的质量，使轴承与轴颈之间的摩擦力降低，提高使用寿命。

⑨ 预加反作用

ⅰ. 预先施加反作用。如缓冲器。

ⅱ. 指一个物体处于或将处于受拉伸状态，预先增加压力。例如在灌浇钢筋混凝土之前，先对钢筋预加压力。

⑩ 预操作

ⅰ. 预先备下必要的动作、机能。如带有齿孔的邮票。

ⅱ. 预先对物体进行安排，使其在时间上及位置上有准备。例如，在一个橡胶软管进行机械加工将很不方便，若将其预先冷冻，使其变硬，再加工就会变得容易多了。

⑪ 预补偿

采用预先准备好的应急措施补偿物体相对较低的可靠性。例如在建筑物内安装烟雾传感器，一旦发生火灾，该传感器就可报警，避免灾害的发生。

⑫ 等势性

在势场内避免位置的改变，如在重力场中，改变物体的工作条件，使其不需要升高或降低。例如，在有楼梯处设计有斜坡，使残疾人的轮椅方便通行。

⑬ 反向

ⅰ. 用相反的动作代替原有动作。

ⅱ. 使物体位置颠倒。

ⅲ. 使物体运动部分静止，静止部分运动。例如，螺旋压力机有螺杆转动、螺母移动的，也有螺母转动、螺杆移动的。

⑭ 曲面化

ⅰ. 用曲线或曲面代替直线或平面。如拱形桥、拱形门等。

ⅱ. 采用辊、球、螺旋状物体。螺旋锥齿轮承载能力与传动的稳定性都优于直齿锥齿轮。

ⅲ. 改直线运动为旋转运动，采用离心力。例如，旋转式发动机代替往复移动发动机节省了能源，提高了效率。

⑮ 动态化

ⅰ. 自动可调，使物体在各阶段动作、性能都最佳。如调心轴承。

ⅱ. 将物体分割具有相互关系的几部分。如折叠椅、桌、床等。

ⅲ．将静止的物体变得可动，可自适应。例如，热电偶一般用于测量处于静止状态的物体温度。但为了测齿轮啮合点的瞬时温度，将一对齿轮采用不同材料制作，一个采用康铜，另一个为钢。当这对齿轮相对运动时，其啮合点就形成了动态热电偶，见图3-14。

⑯ 未达到或超过的作用

如果完全达到所希望的结果是很困难的，稍微未达到或稍微超过预期的效果将大大简化问题。例如，若用刷子在容器外壁刷漆将是很费力的事情，如果不计较刷的效果是否完美，可以将容器浸泡在漆桶中，再取出旋转甩掉多余的油漆将既快捷又方便。

⑰ 维数的变化

ⅰ．将物体的运动由一维直线变为二维平面，再变为三维空间的运动。例如，将轿车的车门由侧开改为向上开，这不仅利用了上面的空间，而且可以避免因侧开可能带来的事故，还能节省停车的面积，见图3-15。

ⅱ．将物体的单层排列变为多层的。如立体车库。

ⅲ．将物体倾斜与侧向放置。如自动卸载车斗。

ⅳ．利用给定表面的反面。如双面磁带。

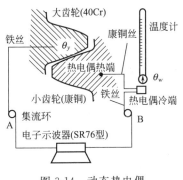

图 3-14　动态热电偶

图 3-15　向上开门的轿车

⑱ 振动

ⅰ．使物体处于振动状态。例如，在生产超细金属线时，为测出金属细线的直径，可采用振动的方法，即将金属细线当作琴弦，弦振动的频率取决于其直径，反过来，振动金属细线，通过测量其振动频率而确定其直径。

ⅱ．如果振动存在，增加其频率。如超声波洗衣机。

ⅲ．用电振动代替机械振动。如石英钟。

ⅳ．使超声振动与电磁场耦合。如振动传输带。

ⅴ．使用共振频率。如共振筛。

⑲ 周期性作用

ⅰ．用周期性运动代替脉动或连续性运动。例如救护车的警示鸣笛改为周期性，避免连续鸣叫的刺耳声。

ⅱ．已是周期性运动，改变其运动频率。如调频。

ⅲ．在脉冲周期中利用暂停来执行另一动作。如脉冲加警灯闪烁报警。

⑳ 有效作用的连续性

ⅰ．连续工作，使物体各部能满载与同时工作。如飞轮储能使汽车在路口停止时，发动机处于优化的工作状态。

ⅱ．消除运动过程中的停歇。例如，针式打印机的双向打印。

㉑ 紧急行动

减少有害作用的时间。例如，牙医使用的牙钻高速旋转，以防止牙床组织受热损伤。

㉒ 变有害为有益

ⅰ．利用有害因素，获得有益的结果。例如，垃圾进行处理变为养花的土。

ⅱ．将有害的因素结合变为有益因素。美国研制了一种电池，利用污水发电，这种电池包括由石墨制成的电极部分，及一片由碳-塑料-铂制成的催化剂膜，其中充满废水，当污水中微生物的酶分解成糖、蛋白质和油脂时会产生自由电子。在试验时，这种电池每平方米电极表面可产生50毫瓦电能，同时还可以清除污水中78％的有机物垃圾。

ⅲ．加大有害因素的程度，使其不再有害。如森林灭火时采用以火灭火的手段。

㉓ 反馈

ⅰ．引入反馈，以改善性能。

ⅱ．反馈已存在，则改变其大小及作用程度。例如，本田公司研制的"碰撞缓和与制动系统"使用微波雷达检测与前方车辆之间距离，调节刹车，使车迅速减速。同时，预警装置自动在碰撞发生之前拉紧驾驶者的安全带，以减轻伤害。该公司还研制了"车线保持辅助系统"，一旦汽车偏离正常车道，车载扬声器就发出声响，提醒驾驶者注意。

㉔ 中介物

ⅰ．使用中介物传递某种中间过程。如齿轮传动中惰轮。

ⅱ．将一容易去除物与另一物体暂时结合。例如纸杯的杯托。

㉕ 自服务

ⅰ．使物体具有自服务、自补充、自恢复等功能。例如，在用管道输送高速运行的钢珠时，拐弯处总被运动的钢珠撞击，很短时间管子内壁就被损坏。利用"自服务"原理，在管子拐弯处的外部安装一磁铁，吸附一部分钢珠，致使运行的钢珠撞击的不是管子内壁，而是钢珠，即使撞下钢珠也无妨，又会有别的钢珠补充，这样就保护了管子。

ⅱ．充分利用废弃的材料、能量与物质。如化工厂利用废气取暖。

㉖ 复制

ⅰ．用简单、低廉的复制品代替昂贵的易坏的物体。例如虚拟设计，实验室的小型样机等。

ⅱ．用光学拷贝、图像等代替物体本身。如用卫星照片代替实地考察。

ⅲ．已经用了可见光拷贝，可用红外线或紫外线代替。如红外线夜视仪。

㉗ 廉价替代品

用低成本的物体代替昂贵的，实现同样的功能。例如，一次性纸杯。

㉘ 机械系统的替代

ⅰ．用听觉、视觉、嗅觉系统代替部分机械系统。如各种机、电、光一体化系统。

ⅱ．用电、磁场完成物体的相互作用。例如，磁分选机选矿，以及搬运钢板可利用磁效应代替机械手，使设计工作简单，见图3-16。

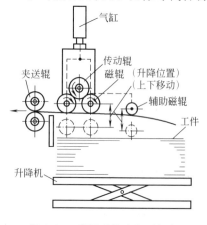

图 3-16 利用磁效应搬运钢板

ⅲ．将固定场、静态场变为移动场、动态场，将随机场变为确定场。如特定发射方式的天线。

ⅳ．场之间的作用粒子组合使用。如铁磁催化剂。

㉙ 气动与液压结构

将物体的固体部分用流体代替，起到缓冲效果。例如，汽车门的开关机构多采用气动或液压机构，避免门与车体的刚性撞击。

㉚ 柔性壳体或薄膜

ⅰ．使用柔性壳体或薄膜代替传统的结构。如建筑上壳体结构、大剧院、水立方等。

ⅱ．使用柔性壳体或薄膜与环境隔离。例如，用塑料薄膜作为冬季作物的覆盖。

㉛ 多孔材料

ⅰ．使物体多孔，增加多孔元素。如铺设便道用的多孔砖，可吸收雨水，方便行人；再如用带有孔的砖盖房不仅满足强度要求，而且既隔声又轻。

ⅱ．物体已经多孔，则利用孔结构引入有用的物质及功能。如活性炭过滤器。

㉜ 改变颜色

ⅰ．改变物体与环境的颜色。如变色眼镜。

ⅱ．改变其透明度与可视性。如医学上用的透明绷带可适时地观察伤口情况。

ⅲ．对不易看见的物体采用颜色添加剂。例如，法国发明家在第 46 届布鲁塞尔发明家博览会上展示了一种彩色霓虹气象柱，它能用颜色显示风力、风速以及空气污染程度。

ⅳ．通过辐射加热改变物体的热辐射性。如太阳能收集装置。

㉝ 同质性

采用相同或相似的物质制造两个互相作用或接触的物体。例如，各种水管都加有镀锌层，或采用塑料制品，以避免水的腐蚀。

㉞ 抛弃与修复

ⅰ．对完成其功能的废旧物品的抛弃不应影响环境，可采用各种废物利用的方法。如再生塑料、再生橡胶等。

ⅱ．对物体在工作中消耗的部分进行立即修复。例如，自动铅笔可以根据使用情况自动送铅笔芯。

㉟ 参数变化

ⅰ．改变物体的物理状态。例如，使氧处于液态，以方便运输。

ⅱ．改变物体的浓度与黏度。液体皂液的黏度高于固体肥皂，而且使用方便。

ⅲ．改变物体的柔性。例如，生橡胶经过硫化后定型，并且具备了弹性、韧性等良好性能。

ⅳ．改变物体的温度。例如，改变锚的温度，将一块约 $2m^3$ 的特殊铁板通电 1min，使其冻结于海底，船只即可停泊，冻结 10min 后连接力可达 10^6N。

㊱ 状态变化

利用物质状态变化实现某种效应。例如，世界上第一台原始的蒸汽机的工作原理是，通过向汽缸中注水加热，当水被烧开后，水蒸气把活塞推动，使热能转化为动能。

㊲ 热膨胀

ⅰ．利用材料热膨胀或热冷缩的性质工作。例如，紧配合在轴上的零件利用材料的热膨胀或冷缩进行装拆。

表 3-3 冲突解决

恶化参数					改善		
	1	2	3	4	5	6	7
1		—	15,8,29,34	—	29,17,38,34	—	29,2,40,28
2	—		—	10,1,29,35	—	35,30,13,2	—
3	8,15,29,34	—		—	15,17,4		7,17,4,35
4	—	35,28,40,29	—		—	17,7,10,40	
5	2,17,29,4	—	14,15,18,4	—		—	7,14,17,4
6	—	30,2,14,18	—	26,7,9,39			—
7	2,26,29,40	—	1,7,4,35		1,7,4,17	—	
8	—	35,10,19,14	19,14	35,8,2,14			
9	2,28,13,38	—	13,14,8	—	29,30,34	—	7,29,34
10	8,1,37,18	18,13,1,28	17,19,9,36	28,10	19,10,15	1,18,36,37	15,9,12,37
11	10,36,37,40	13,29,10,18	35,10,36	35,1,14,16	10,15,36,28	10,15,36,37	635,10
12	8,10,29,40	15,10,26,3	29,34,5,4	13,14,10,7	5,34,4,10	—	14,4,15,22
13	21,35,2,39	26,39,1,40	13,15,1,28	37	2,11,13	39	28,10,19,39
14	1,8,40,15	40,26,27,1	1,15,8,35	15,14,28,26	3,34,40,29	9,40,28	10,15,14,7
15	9,5,34,31	—	2,19,9	—	3,17,19		10,2,19,30
16		—	6,27,19,16	—	1,40,35	—	—
17	36,22,6,38	22,35,32	15,19,9	15,19,9	3,35,39,18	35,38	34,39,40,18
18	19,1,32	2,35,32	19,32,16	—	19,32,26	—	2,13,10
19	12,18,28,31	—	12,28	—	15,19,25		35,13,18
20		19,9,6,27	—	—	—	—	—
21	8,36,38,31	19,26,17,27	1,10,35,37	—	19,38	17,32,13,38	35,6,38
22	15,6,19,28	19,6,18,9	7,2,6,13	6,38,7	15,26,17,30	17,7,30,18	7,18,23
23	35,6,23,40	35,6,22,32	14,29,10,39	10,28,24	35,2,10,31	10,18,39,31	1,29,30,36
24	10,24,35	10,35,5	1,26	26	30,26	30,16	—
25	10,20,37,35	10,20,26,5	15,2,29	30,24,14,5	26,4,5,16	10,35,17,4	2,5,34,10
26	35,6,18,31	27,26,18,35	29,14,35,18	—	15,14,29	2,18,40,4	15,20,29
27	3,8,10,40	3,10,8,28	15,9,14,4	15,9,28,11	17,10,14,16	32,35,40,4	3,10,14,24
28	32,35,26,28	28,35,25,26	28,26,5,16	32,28,3,16	26,28,32,3	26,28,32,3	32,13,6
29	28,32,13,8	28,35,27,9	10,28,29,37	2,32,10	28,33,29,32	2,29,18,36	32,28,2
30	22,21,27,39	2,22,13,24	17,1,39,4	1,18	22,1,33,28	27,2,39,35	22,23,37,35
31	19,22,15,39	35,22,1,39	17,15,16,22	—	17,2,18,39	22,1,40	17,2,40
32	28,29,15,16	1,27,36,13	1,29,13,17	15,17,27	13,1,26,12	16,40	13,29,1,40
33	25,2,13,15	6,13,1,25	1,17,13,12	—	1,17,13,16	18,16,15,39	1,16,35,15
34	2,27,35,11	2,27,35,11	1,28,10,25	3,18,31	15,13,32	16,25	25,2,35,11
35	1,6,15,8	19,15,29,16	35,1,29,2	1,35,16	35,30,29,7	15,16	15,35,29
36	26,30,34,36	2,26,35,39	1,19,26,24	26	14,1,13,16	6,36	34,26,6
37	27,26,28,13	6,13,28,1	16,17,26,24	26	2,13,18,17	2,39,30,16	29,1,4,16
38	28,26,18,35	28,26,35,10	14,13,17,28	23	17,14,13	—	35,13,16
39	35,26,24,37	28,27,15,3	18,4,28,38	30,7,14,26	10,26,34,31	10,35,17,7	2,6,34,10

原理矩阵

参　数						
8	9	10	11	12	13	14
—	2,8,15,38	8,10,18,37	10,36,37,40	10,14,35,40	1,35,19,39	28,27,18,40
5,35,14,2	—	8,10,19,35	13,29,10,18	13,10,29,14	26,39,1,40	28,2,10,27
—	13,4,8	17,10,4	1,8,35	1,8,10,29	1,8,15,34	8,35,29,34
35,8,2,14	—	28,10	1,14,35	13,14,15,7	39,37,35	15,14,28,26
	29,30,4,34	19,30,35,2	10,15,36,28	5,34,29,4	11,2,13,39	3,15,40,14
—	—	1,18,35,36	10,15,36,37	—	2,38	40
	29,4,38,34	15,35,36,37	6,35,36,37	1,15,29,4	28,10,1,39	9,14,15,7
	—	2,18,37	24,35	7,2,35	34,28,35,40	9,14,17,15
—		13,28,15,19	6,18,38,40	35,15,18,34	28,33,1,18	8,3,26,14
2,36,18,37	13,28,15,12		18,21,11	10,35,40,34	35,10,21	35,10,14,27
35,24	6,35,36	36,35,1		35,4,15,10	35,33,2,40	9,18,3,40
7,2,35	35,15,34,18	35,10,37,40	34,15,10,14		33,1,18,4	30,14,10,40
34,28,35,40	33,15,28,18	10,35,21,16	2,35,40	22,1,18,4		17,9,15
9,14,17,15	8,13,26,14	10,18,3,14	10,3,18,40	10,30,35,40	13,17,35	
—	3,35	19,2,16	19,3,27	14,26,28,25	13,3,35	27,3,10
35,34,38	—	—	—	—	39,3,35,23	—
35,6,4	2,28,36,30	35,10,3,21	35,39,19,2	14,22,19,32	1,35,32	10,30,22,40
—	10,13,19	26,19,6	—	32,30	32,3,27	35,19
—	8,35	16,26,21,2	23,14,25	12,2,29	19,13,17,24	5,19,9,35
—	—	36,37	—	—	27,4,29,18	35
30,6,25	15,35,9	26,2,36,35	22,10,35	29,14,2,40	35,32,15,31	26,10,28
7	16,35,38	36,38	—	—	14,2,39,6	26
3,39,18,31	10,13,28,38	14,15,18,40	3,36,37,10	29,35,3,5	2,14,30,40	35,28,31,40
2,22	26,32	—	—	—	—	—
35,16,32,18	—	10,37,36,5	37,36,4	4,10,34,17	35,3,22,5	29,3,28,18
—	35,29,34,28	35,14,3	10,36,14,3	35,14	15,2,17,40	14,35,34,10
2,35,24	21,35,11,28	8,28,10,3	10,24,35,19	35,1,16,11	—	11,28
—	28,13,32,24	32,2	6,28,32	6,28,32	32,35,13	28,6,32
25,10,35	10,28,32	28,19,34,36	3,35	32,30,40	30,18	3,27
34,39,19,27	21,22,35,28	13,35,39,18	22,2,37	22,1,3,35	35,24,30,18	18,35,37,1
30,18,35,4	35,28,3,23	35,28,1,40	2,33,27,18	35,1	35,40,27,39	15,35,22,2
35	35,13,8,1	35,12	35,19,1,37	1,28,13,27	11,13,1	1,3,10,32
4,18,39,31	18,13,34	28,13,35	2,32,12	15,34,29,28	32,35,30	32,40,3,28
1	34,9	1,11,10	13	1,13,2,4	2,35	11,1,2,9
—	35,10,14	15,17,20	35,16	15,37,1,8	35,30,14	35,2,32,6
1,16	34,10,28	26,16	19,1,35	29,13,28,15	2,22,17,19	2,13,28
2,18,26,31	3,4,16,35	36,28,40,19	35,36,37,32	27,13,1,39	11,22,39,30	27,3,15,28
	28,10	2,35	13,35	15,32,1,13	18,1	25,13
35,37,10,2	—	28,15,10,36	10,37,14	14,10,34,40	35,3,22,39	29,28,10,18

恶化参数	15	16	17	18	19	改善 20
1	5,34,31,35	—	6,9,4,38	19,1,32	35,12,34,31	—
2	—	2,27,19,6	28,19,32,22	19,32,35	—	18,19,28,1
3	19	—	10,15,19	32	8,35,24	—
4	—	1,40,35	3,35,38,18	3,25	—	—
5	6,3	—	2,15,16	15,32,19,13	19,32	
6	—	2,10,19,30	35,39,38	—	—	
7	6,35,4	—	34,39,10,18	2,13,10	35	
8	—	35,34,38	35,6,4	—		
9	3,19,35,5	—	28,30,36,2	10,13,19	8,15,35,38	—
10	19,2	—	35,10,21	—	19,17,10	1,16,36,37
11	19,3,27	—	35,39,19,2	—	14,24,10,37	
12	14,26,9,25	—	22,14,19,32	13,15,32	2,6,34,14	
13	13,27,10,35	39,3,35,23	35,1,32	32,3,27,15	13,19	27,4,29,18
14	27,3,26	—	30,10,40	35,19	19,35,10	35
15		—	19,35,39	2,19,4,35	28,6,35,18	
16	—		19,18,36,40	—	—	
17	19,13,39	19,18,36,40		32,30,21,16	19,15,3,17	
18	2,19,6	—	32,35,19		32,1,19	32,35,1,15
19	28,35,6,18	—	19,24,3,14	2,15,19		
20	—	—	—	19,2,35,32	—	
21	19,35,10,38	16	2,14,17,25	16,6,19	16,6,19,37	—
22	—	—	19,38,7	1,13,32,15	—	
23	28,27,3,18	27,16,18,38	21,36,39,31	1,6,13	35,18,24,5	28,27,12,31
24	10	10	—	19		
25	20,10,28,18	28,20,10,16	35,29,21,18	1,19,26,17	35,38,19,18	1
26	3,35,10,40	3,35,31	3,17,39	—	34,29,16,18	3,35,31
27	2,35,3,25	34,27,6,40	3,35,10	11,32,13	21,11,27,19	36,23
28	28,6,32	10,26,24	6,19,28,24	6,1,32	3,6,32	—
29	3,27,40	—	19,26	3,32	32,2	
30	22,15,33,28	17,1,40,33	22,33,35,2	1,19,32,13	1,24,6,27	10,2,22,37
31	15,22,33,31	21,39,16,22	22,35,2,24	19,24,39,32	2,35,6	19,22,18
32	27,1,4	35,16	27,26,18	28,24,27,1	28,26,27,1	1,4
33	29,3,8,25	1,16,25	26,27,13	13,17,1,24	1,13,24	—
34	11,29,28,27	1	4,10	15,1,13	15,1,28,16	—
35	13,1,35	2,16	27,2,3,35	6,22,26,1	19,35,29,13	
36	10,4,28,15	—	2,17,13	24,17,13	27,2,29,28	
37	19,29,39,25	25,34,6,35	3,27,35,16	2,24,26	35,38	19,35,16
38	6,9	—	26,2,19	8,32,19	2,32,13	
39	35,10,2,18	20,10,16,38	35,21,28,10	26,17,19,1	35,10,38,19	1

参 数					
21	22	23	24	25	26
12,36,18,31	6,2,34,19	5,35,3,31	10,24,35	10,35,20,28	3,26,18,31
15,19,18,22	18,19,28,15	5,8,13,30	10,15,35	10,20,35,26	19,6,18,26
1,35	7,2,35,39	4,29,23,10	1,24	15,2,29	29,35
12,8	6,28	10,28,24,35	24,26	30,29,14	—
19,10,32,18	15,17,30,26	10,35,2,39	30,26	26,4	29,30,6,13
17,32	17,7,30	10,14,18,39	30,16	10,35,4,18	2,18,40,4
35,6,13,18	7,15,13,16	36,39,34,10	2,22	2,6,34,10	29,30,7
30,6	—	10,39,35,34	—	35,16,32,18	35,3
19,35,38,2	14,20,19,35	10,13,28,38	13,26	—	10,19,29,38
19,35,18,37	14,15	8,35,40,5	—	10,37,36	14,29,18,36
10,35,14	2,36,25	10,36,3,37	—	37,36,4	10,14,36
4,6,2	14	35,29,3,5	—	14,10,34,17	36,22
32,35,27,31	14,2,39,6	2,14,30,40	—	35,27	15,32,35
10,26,35,28	35	35,28,31,40	—	29,3,28,10	29,10,27
19,10,35,38	—	28,27,3,18	10	20,10,28,18	3,35,10,40
16	—	27,16,18,38	10	28,20,10,16	3,35,31
2,14,17,25	21,17,35,38	21,36,29,31	—	35,28,21,18	3,17,30,39
32	13,16,1,6	13,1	1,6	19,1,26,17	1,19
6,19,37,18	12,22,15,24	35,24,18,5	—	35,38,19,18	34,23,16,18
—	—	28,27,18,31	—	—	3,35,31
	10,35,38	28,27,18,38	10,19	35,20,10,6	4,34,19
3,38		35,27,2,37	19,10	10,18,32,7	7,18,25
28,27,18,38	35,27,2,31		—	15,18,35,10	6,3,10,24
10,19	19,10	—		24,26,28,32	24,28,35
35,20,10,6	10,5,18,32	35,18,10,39	24,26,28,32		35,38,18,16
35	7,18,25	6,3,10,24	24,28,35	35,38,18,16	
21,11,26,31	10,11,35	10,35,29,39	10,28	10,30,4	21,28,40,3
3,6,32	26,32,27	10,16,31,28	—	24,34,28,32	2,6,32
32,2	13,32,7	35,31,10,24	—	32,26,28,18	32,30
19,22,31,2	21,22,35,2	33,22,19,40	22,10,2	—	—
2,35,18	21,35,2,22	10,1,34	10,21,29	1,22	3,24,39,1
27,1,12,24	19,35	15,34,33	32,24,18,16	35,28,34,4	35,23,1,24
35,34,2,10	2,19,13	28,32,2,24	4,10,27,22	4,28,10,34	12,35
15,10,32,2	15,1,32,19	2,35,34,27	—	32,1,10,25	2,28,10,25
19,1,29	18,15,1	15,10,2,13	—	35,28	3,35,15
20,19,30,34	10,35,13,2	35,10,28,29	—	6,29	13,3,27,10
19,1,16,10	35,3,15,19	1,18,10,24	35,33,27,22	18,28,32,9	3,27,29,18
28,2,27	23,28	35,10,18,5	35,33	24,28,35,30	35,13
35,20,10	28,10,29,35	28,10,35,23	13,15,23	—	35,38

恶化参数						改 善	
	27	28	29	30	31	32	33
1	3,11,1,27	28,27,35,26	28,35,26,18	22,21,18,27	22,35,31,39	27,28,1,36	35,3,2,24
2	10,28,8,3	18,26,28	10,1,35,17	2,19,22,37	35,22,1,39	28,1,9	6,13,1,32
3	10,14,29,40	28,32,4	10,28,29,37	1,15,17,24	17,15	1,29,17	15,29,35,4
4	15,29,28	32,28,3	2,32,10	1,18	—	15,17,27	2,25
5	29,9	26,28,32,3	2,32	22,33,28,1	17,2,18,39	13,1,26,24	15,17,13,16
6	32,35,40,4	26,28,32,3	2,29,18,36	27,2,39,35	22,1,40	40,16	16,4
7	14,1,40,11	26,28	25,28,2,16	22,21,27,35	17,2,40,1	29,1,40	15,13,30,12
8	2,35,16	—	35,10,25	34,39,19,27	30,18,35,4	35	—
9	11,35,27,28	28,32,1,24	10,28,32,25	1,28,35,23	2,24,35,21	35,13,8,1	32,28,13,12
10	3,35,13,21	35,10,23,24	28,29,37,36	1,35,40,18	13,3,36,24	15,37,18,1	1,28,3,25
11	10,13,19,35	6,28,25	3,35	22,2,37	2,33,27,18	1,35,16	11
12	10,40,16	28,32,1	32,30,40	22,1,2,35	35,1	1,32,17,28	32,15,26
13	—	13	18	35,24,30,18	35,40,27,39	35,19	32,35,30
14	11,3	3,27,16	3,27	18,35,37,1	15,35,22,2	11,3,10,32	32,40,28,2
15	11,2,13	3	3,27,16,40	22,15,33,28	21,39,16,22	27,1,4	12,27
16	34,27,6,40	10,26,24	—	17,1,40,33	22	35,10	1
17	19,35,3,10	32,19,24	24	22,33,35,2	22,35,2,24	26,27	26,27
18	—	11,15,32	3,32	15,19	35,19,32,39	19,35,28,26	28,26,19
19	19,21,11,27	3,1,32	—	1,35,6,27	2,35,6	28,26,30	19,35
20	10,36,23	—	—	10,2,22,37	19,22,18	1,4	—
21	19,24,26,31	32,15,2	32,2	19,22,31,2	2,35,18	26,10,34	26,35,10
22	11,10,35	32	—	21,22,35,2	21,35,2,22	—	35,32,1
23	10,29,39,35	16,34,31,28	35,10,24,31	33,22,30,40	10,1,34,29	15,34,33	32,28,2,24
24	10,28,23	—	—	22,10,1	10,21,22	32	27,22
25	10,30,4	24,34,28,32	24,26,28,18	35,18,34	35,22,18,39	35,28,34,4	4,28,10,34
26	18,3,28,40	3,2,28	33,30	35,33,29,31	3,35,40,39	29,1,35,27	35,29,25,10
27		32,3,11,23	11,32,1	27,35,2,40	35,2,40,26	—	27,17,40
28	5,11,1,23		—	28,24,22,26	3,33,39,10	6,35,25,18	1,13,17,34
29	11,32,1	—		26,28,10,36	4,17,34,26	—	1,32,35,23
30	—	28,33,23,26	26,28,10,18		—	24,35,7	2,25,28,39
31	24,2,40,39	3,33,26	4,17,34,26	—		—	—
32	—	12,18,1,35	—	24,2	—		2,5,13,16
33	17,27,8,40	25,13,2,34	1,32,35,23	2,25,28,39	—	2,5,12	
34	11,10,1,16	10,2,13	25,10	35,10,2,16	—	1,35,11,10	1,12,26,15
35	35,13,8,24	35,5,1,10	—	35,11,32,31	—	1,13,31	15,34,1,16
36	13,35,1	2,26,10,34	26,24,32	22,19,29,40	19,1	27,26,1,13	27,9,26,24
37	27,40,28,8	26,24,32,28	—	22,19,29,28	2,21	5,28,11,29	2,5
38	11,27,32	28,26,10,34	28,26,18,23	2,33	2	1,26,13	1,12,34,3
39	1,35,10,38	1,10,34,28	18,10,32,1	22,35,13,24	35,22,18,39	35,28,2,24	1,28,7,19

参 数					
34	35	36	37	38	39
2,27,28,11	29,5,15,8	26,3,36,34	28,29,26,32	26,35,18,19	35,3,24,37
2,27,28,11	19,15,29	1,10,26,39	25,28,17,15	2,26,35	1,28,15,35
1,28,10	14,15,1,16	1,19,26,24	35,1,26,24	17,24,26,16	14,4,28,29
3	1,35	1,26	26	—	30,14,7,26
15,13,10,1	15,30	14,1,13	2,36,26,18	14,30,28,23	10,26,34,2
16	15,16	1,18,36	2,35,30,18	23	10,15,17,7
10	15,29	26,1	29,26,4	35,34,16,24	10,6,2,34
1	—	1,31	2,17,26	—	35,37,10,2
34,2,28,27	15,10,26	10,28,4,34	3,34,27,16	10,18	—
15,1,11	15,17,18,20	26,35,10,18	36,37,10,19	2,35	3,28,35,37
2	35	19,1,35	2,36,37	35,24	10,14,35,37
2,13,1	1,15,29	16,29,1,28	15,13,39	15,1,32	17,26,34,10
2,35,10,16	35,20,34,2	2,35,22,26	35,22,39,23	1,8,35	23,35,40,3
27,11,3	15,3,32	2,13,28	27,3,15,40	15	29,35,10,14
29,10,27	1,35,13	10,4,29,15	19,29,39,35	6,10	35,17,14,19
1	2	—	25,34,6,35	1	20,10,16,38
4,10,16	2,18,27	2,17,16	3,27,35,31	26,2,19,16	15,28,35
15,7,13,16	15,1,19	6,32,13	32,15	2,26,10	2,25,16
1,15,17,28	15,17,13,16	2,29,27,28	35,98	32,2	12,28,35
—	—	—	19,35,16,25	—	1,6
35,2,10,34	19,17,34	20,19,30,34	19,35,16	28,2,17	28,35,34
2,19	—	7,23	35,3,15,23	2	28,10,29,35
2,35,34,27	15,10,2	35,10,28,24	35,18,10,13	35,10,18	28,35,10,23
			35,33	35	13,23,15
32,1,10	35,28	6,29	18,28,32,10	24,28,35,30	—
2,32,10,25	15,3,29	3,13,27,10	3,27,29,18	8,35	13,29,3,27
1,11	13,35,8,24	13,35,1	27,40,28	11,13,27	1,35,29,38
1,32,13,11	13,35	27,35,10,34	26,24,32,28	28,2,10,34	10,34,28,32
25,10	—	26,2,18	—	26,28,18,23	10,18,32,39
35,10,9	35,11,22,31	22,19,9,40	22,19,29,40	33,3,34	22,35,13,24
—	—	19,1,31	2,21,27,1	2	22,35,18,39
35,1,11,9	2,13,15	27,26,1	6,28,11,1	8,28,1	35,1,10,28
12,26,1,32	15,34,1,16	32,26,12,17	—	1,34,12,3	15,1,28
	7,1,4,16	35,1,13,11	—	34,35,7,13	1,32,10
1,16,7,4		15,29,7,28	1	27,34,35	35,28,6,37
1,13	29,15,28,37		15,10,37,28	15,,1,24	12,17,28
12,26	1,15	15,10,37,28		34,21	35,18
1,35,13	27,4,1,35	15,24,10	34,27,25		5,12,35,26
1,32,10,25	1,35,28,37	12,17,28,24	35,18,27,2	5,12,35,26	

ii．组合使用不同热膨胀系数的材料。例如，暖房顶部天窗的开关，需要气温在20℃以上时打开，在20℃以下时则关闭。此处采用由铁与铜连接在一起的双金属片，受热时，铜比铁膨胀得快，会使连接的板块受热弯曲，则打开天窗；冷却时，变直关闭。

㊳ 加速强氧化

使氧化从一个级别转到另一个级别。如由氧气代替空气，由纯氧代替氧，由离子态氧代替氧。

㊴ 惰性环境

i．利用惰性环境。例如为防止灯内灯丝氧化，在灯泡内充满惰性气体。

ii．利用真空。真空包装食品，延长储存时间。

㊵ 复合材料

将材质单一改为复合，以提高性能。如合金钢的性能在某些方面优于其它钢。

（3）冲突矩阵

39项工程技术参数描述了系统中问题的空间，40条发明原理则填充了问题解的空间，因此必须找出问题与解的对应关系。TRIZ理论的研究人员通过长时间的分析与研究提出了冲突矩阵的概念。该矩阵的行表示冲突恶化的参数，矩阵的列表示冲突改善的参数，矩阵中的元素则为第 i 个恶化的参数与第 j 个改善的参数构成的技术冲突的原理解。为制表方便，此处的解用发明原理的序号表示。其中若 i 与 j 相同，则该元素为空。为查阅和编辑方便，本书将该矩阵分解为6个表描述，详见表3-3。

使用该冲突矩阵解决设计中的实际问题时，首先应该确定实际设计中存在的冲突，并分析冲突中哪些问题是有利因素，哪些是有害因素。再将这些冲突抽象化为39个工程技术参数中的相关特定术语，然后利用冲突矩阵找到冲突的原理解。最后分析原理解，获得解决问题的实际方法。将上述设计过程简化为程序框图，见图3-17。

下面通过一个实例说明这种方法的应用过程。

振动筛在选矿、化工原料的分选、粮食分选以及垃圾的分选中都是主要的设备。其中筛网的损坏是设备报废的原因之一。尤其对筛分垃圾的振动筛。分析其原因，分别确定对设备有利的和有害的环节，并寻求解决问题的方法。

经分析，认为筛网面积大，筛分效率高，是有利的一个方面；但由此筛网接触物料的面积也就增大，则物料对筛网的伤害也就增大。

将分析的结果用抽象的技术参数术语描述，有利的因素是第5条参数，即"运动物体的面积"；有害的因素则是第30条"物体外部有害因素作用的敏感性"。根据冲突矩阵（表3-3）可确定原理解为22，1，33，28。

其中第1条发明原理是"分割"，根据这条原理，设计时可考虑将筛网制成小块状，再连接成一体，局部损坏，局部更换。第33条是"同质性"，即采用相似或相同的物质制造与某物体相互作用的物体。分析这条原理，认为用于筛分垃圾的振动筛筛网易损的主要原因是物料的黏湿性与腐蚀性所致。参考发明原理，采用同质性材料制作筛网，例如耐腐蚀的聚胺酯。经过这样的改进，取得了很好的应用效果。

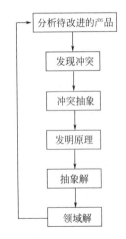

图3-17　TRIZ设计模型

3.3.2.2 建立原理解目录

原理解目录实际上是一种信息库。凡是导致功能三要素实现转变的操作或原理都被有规律地分类、排列、储存起来，以便设计时调用。一个基本功能，也许没有直接的原理解，但肯定会有许多间接的原理可利用。

原理解的目录编写必须密切结合设计过程与功能要求编写，应该是功能明确、内容清晰、信息面广、查取方便。原理解目录的编写需要具有一定的理论知识与实践经验，需要进行广泛的调查、研究与搜集。下面仅就部分的输入输出因果关系进行原理解目录的编写。

（1）物料的分离-混合功能的原理解

使两种或几种具有不同物理特征的物料实现分离是设计系统经常遇到的一项任务，它可能是固体与固体的分离，也可能是固体与液体的分离或气体与液体的分离；按分离的特征又可能是不同几何尺寸大小的分离，不同密度、轻重的分离，不同导电性、导磁性等性能的分离。为了解决"物料分离"，应尽量将适合于分离的全部原理汇集起来，并按一定的规律进行编排。表3-4是部分的固体与固体分离的原理解目录。

物料的混合就是指将不同的物料结合在一起。各类搅拌器、混合机是完成混合的技术系统。混合就是通过分子微粒的运动加快，来缩短混合过程所需要的时间，并使各类物料混合的均匀。表3-5列出了物料混合的部分原理解目录。

（2）物理量放大-缩小功能的原理解

物理量的放大与缩小主要有尺寸参数的放大与缩小，例如长度、面积、体积等；运动参数的放大与缩小，如距离、速度、加速度等；能量参数的放大与缩小，如力、力矩、功率、电压等。其中既包含有能量流，也有信号流，还有物料流。下面同样也把部分物理量的放大-缩小原理解目录列出，见表3-6。

利用类似的方法还可以对变换-复原、储存-取出、接合-分开、传导-中断等功能进行原理解目录的编排。也可以按照机械系统的组成成分，即动力、传动、执行、控制四个部分的具体功能进行原理解目录的编排。可以看出原理解目录的编写需要大量的技术信息与设计经验，这也可以采纳TRIZ理论的研究方法，通过对世界已有的大量技术专利的分析、研究与归纳总结得出；或者将各学科领域的已有技术成果或产品进行归类与编排。总之原理解目录不同于一般的手册与资料，它应该比手册与资料更方便于搜索与提取。

表 3-4　物料分离功能原理解目录（固体-固体）

分离特征	原理	原理图	备注	应用
大小	重力		通过筛子的运动（惯性、离心力）提高筛的功率,利用空气或水附带运输筛分物料	筛硬币检测器
	流体阻力		在重量相同时,由于体积不同,大物体与小物体将有不同的速度	分选机
	离心力			离心机

分离特征	原理	原理图	备注	应用
重量	浮力		重量满足要求,在闭锁装置下滚过;重量不满足,被闭锁装置挡住	
	杠杆		重量满足要求,在闭锁装置下滚过;重量不满足,被闭锁装置挡住	
	离心力		重量满足要求,物体被甩出;重量不满足,物体停留在原位	离心机 旋分器 螺旋分选机
	共振			分级机
密度	浮力			沉降分级 液流分级机 跳汰机 选矿
摩擦系数	摩擦		摩擦系数小则滑掉,摩擦系数大则随传送带运动	
导电性	库仑		给各物体加上同号电荷,导电性差的物体仍附着在滚筒上;导电性好的物体变成与滚筒同号电荷而被排斥	电子滚筒分选机
磁化率	库仑			磁分选机选矿

表 3-5　物料混合功能原理解目录

原理	原理图	备注	应用
面张力		固体材料浸透在液体中	
吸附		气体混合在固体材料中	活性炭过滤器
摩擦力-重力			滚筒式混合机 自由降落混合机
内聚性-重力			自由降落混合机
离心力-离心力		通过两个物体转动叠加离心力	行星式磨机
摩擦-切应力		在隙缝中存在切应力、压应力、拉应力	在楔形间隙中混合，辊压设备、压光机
内聚性-惯性			犁铲混合机、桨式搅拌机、带式混合机
库仑-重力		a—栅极 b—烃 c—溶剂 d—炉底电极	电搅拌机

表 3-6　物理量的放大-缩小原理解目录

原理	原理图	备注	应用
杠杆原理		尺寸放缩 $s_2 = s_1 \times \dfrac{l_2}{l_1}$ 速度放缩 $v_2 = v_1 \times \dfrac{r_2}{r_1}$ 力放缩 $F_2 = F_1 \times \dfrac{r_1}{r_2}$	连杆机构 齿轮机构
楔原理		尺寸放缩 $s_2 = s_1 \tan\alpha$ 速度放缩 $v_2 = v_1 \tan\alpha$	螺旋传动 凸轮机构
毛细原理	 $\Delta h = h_1 - h_2$　$\Delta r = r_1 - r_2$	$\Delta h = -\dfrac{\Delta r}{r_1^2 - r_1 \Delta r} \cdot \dfrac{2\sigma\cos\varphi}{\rho g}$	
变形原理		拉压变形 $\Delta d = \mu \dfrac{d_0}{l_0}\Delta l$ 剪切变形 $\Delta l = \dfrac{\Delta s^2}{2l}$	
流体原理		尺寸放缩 $s_2 = \dfrac{A_1}{A_2}s_1$ 速度放缩 $v_2 = \dfrac{A_1}{A_2}v_1$ 力放缩 $F_2 = \dfrac{A_1}{A_2}F_1$	流体力学
摩擦		$F = \mu N$	制动器
变压器		$U_{\mathrm{II}} = \dfrac{N_2}{N_1}U_{\mathrm{I}}$	变压器
放大器			电路放大

3.3.2.3　资源的分析与利用

为求得原理解，不能忽视资源的利用。因为所要设计的系统是属于超系统范畴，而超系统又是自然的一部分，因此合理地利用某些资源会对原理解产生意想不到效果。

（1）资源的主要类型

① 自然资源　指自然界中存在的场、物质、能量等任何资源。例如太阳能、潮汐、风力、水力、重力场、磁场、空气、矿产、海洋、森林等。

② 时间资源　指系统启动之前，工作之后，两个循环之间的时间。

③ 空间资源　指系统本身，超系统的空间位置、次序等。

④ 信息资源　指系统及超系统中任何存在的或能产生的信号、反应等。

⑤ 系统资源　指系统内部的可利用资源。如系统中各子系统的资源交互利用，制品的性能与形状的充分利用等。

（2）资源的分析与利用

有些资源可以直接利用，如自然资源、信息资源等；有些可以间接利用，如通过变压器将高压电变为低压电，用于各种设备与机器的运转。

① 自然资源的利用　地球给了人类丰富的资源，人类在漫长的进化过程中，创造了独一无二的文明，发展了属于自己的文化技术，这一切都离不开对自然资源的充分利用。自然资源可以直接利用，也可以间接利用。如何更好地开发与利用自然资源确实是很值得研究的课题。例如如何更好地利用太阳，就是一个永远也谈不完的话题。海洋中的原绿球藻类浮游生物拥有高效的光能利用机制，它们就像漂浮在大海上的太阳能电池板，轻而易举地将收集到的阳光转变为养分。每升海水中有这样的生物达一亿之多，当这些浮游生物在阳光下吸收二氧化碳，用其中的碳构造自己的细胞，并放出氧气时，差不多固定了海洋中 2/3 的碳。这意味着它们在抑制地球变暖过程中起了很大的作用。如果一旦揭示了这些浮游生物利用太阳能的奥秘，便可以这些小生命为榜样，找到更简单、巧妙地利用太阳能的妙策。

自然资源的利用应做到合理、有效。在产石油的地方建炼油厂，在产铁矿、煤矿的地方建钢铁厂，在水力资源丰富的地方建发电厂，这样可以避免运输上的损失与浪费；各类资源的二次利用、多次利用、按需利用等都是可研究的课题。

自然资源的利用应做到保护自然，让资源永存，让地球变得更美好。

② 时间资源的利用　在工作效率最高的、最有价值的阶段最大限度地利用时间；使过程连续，消除停顿。例如改变往复移动为连续转动，采用急回机构缩短空行程时间等；变顺序动作为并行动作，以节省时间；或正反行程时间都能充分利用，例如双向打印机。

③ 空间资源的利用　最大限度的利用空间，例如仓库中的多层货架，地下停车场；利用紧凑的几何形状，如螺旋式楼梯，安装在高楼外墙壁上的半圆形电梯等；利用相邻子系统的空间，或某些表面的反面，如双面光盘等；有效而恰当地利用空间的点、线、面。

④ 信息资源　系统本身所产生的信号是多种多样的，例如汽车运行时排放废气中的颗粒可表明发动机的性能信息；机器运转时突发的异常声音可诊断故障。超系统的某些信号或反应也是系统的重要信息。例如交通路口的堵塞情况就是驾车者的重要信息，市场对产品的需求情况就是企业发展方向的重要信息。

⑤ 系统资源　系统中的能量、材料、产品、副产品、制品，及其它们的形状等都是系统可充分利用的丰富资源。

系统中的资源可以交互利用，各子系统分享资源，动态调节资源的使用，避免资源的损失与浪费。例如汽车发动机既驱动车轮，又驱动液压泵，使液压系统工作。

可以充分利用系统中材料的特性，产品或制品的形状，有效发挥各种资源，简化工艺过程，使系统变得简单，各方面的浪费与损失也会相应减少。例如加工螺纹的搓丝机，就是利用了螺纹毛坯是圆柱体的形状，可以夹在两块搓丝板之间，随两块搓丝板的移动而转动，实现搓丝成型的效果，使工艺过程简单，生产效益高，见图3-18。图3-19是一个搬运钢板的机械装置，它是利用钢板具有磁性，采用磁辊进行操作，节省了复杂的抓取机构，使工艺动作大大简化。

图 3-18　搓丝机简图

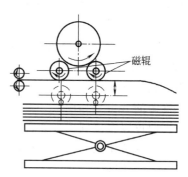

图 3-19　利用磁性搬运钢板

3.3.2.4　建立形态矩阵

所谓形态矩阵是指按照创造对象的各分功能（或因素）与实现其各分功能所采用的技术方案（即形态）而组成的矩阵。因此首先要对创造对象进行功能分解，找出实现功能可能的全部形态（技术手段），再通过形态矩阵进行方案综合，得到方案的多种可行解，从中筛选出最佳方案。这里所谓的因素是指构成事物的特性，如产品的用途、功能等；所谓形态是指，实现相应功能或用途的技术手段。形态矩阵法的操作过程如下：

① 因素分析　确定创造对象的构成因素。要确保各因素逻辑上彼此独立；具有重要影响；因素的数量要充分、全面。

② 形态分析　按照各因素的功能属性，尽可能多地列出实现某种功能各种技术手段（形态）。

③ 方案综合　包括形成方案与方案优选。假如有 n 个因素，m 个形态，可构成 n 行 m 列的矩阵，所能提供的方案数有 $N=n\times m$ 个，可在这些方案中进行优选。

下面以挖掘机的设计为例说明形态矩阵的应用，挖掘机设计方案的形态矩阵见表3-7。

表 3-7　挖掘机设计方案的形态矩阵

功能（因素）		技术措施（形态）					
		1	2	3	4	5	6
A	总动能	电动机	汽油机	柴油机	蒸汽透平	液压机	气马达
B	移动动力传动	齿轮传动	蜗杆传动	带传动	链传动	液力耦合器	
C	移动	轨道车轮	轮胎	履带	气垫		
D	挖掘动力传动	拉杆	绳传动	气缸传动	液缸传动		
E	挖掘	挖斗	抓斗	钳式斗			

按照矩阵组合可得结果是：$6\times5\times4\times4\times3=1440$（种）

其中根据比较优选出以下两种。

ⅰ．A1＋B5＋C3＋D4＋E2：履带式挖掘机。

ⅱ．A5＋B5＋C2＋D4＋E2：轮胎式挖掘机。

3.3.3 构型综合

构型综合是在原理综合的基础上,为实现原理解而进行的运动机构类型的选择与构造,零部件结构形状的设计与构造。这阶段的工作是设计者花费时间与精力最多的阶段。作为机械系统除了能量的变换,运动的变换则是最主要的变换。从功能的角度分析,放大与缩小、混合与分离、接合与分开、传导与中断、转变与复原、存储与提取都是属于运动变换的范畴,是变换的不同体现形式。从机械系统的组成来分析,动力系统、传动系统、执行系统、控制系统也都充满了运动的变换过程。而运动的变换,尤其是机械运动的变换一般都是由机构来实现的。

3.3.3.1 机构构型

原理解目录中的杠杆原理可以采用构型的方法构造出连杆机构、齿轮机构、凸轮机构、滑轮机构等;楔原理可以构造出斜面机构、凸轮机构、螺旋机构等;流体原理也可以构造出移动气缸、液缸,或摆动气缸、液缸等机构。在这些机构的基础上又可继续演变出更多类型的机构。可运用机构变异、组合、再生等创新方法构造新型机构来。这部分内容在本书的第 4 章进行了介绍。对主要实现连接与支承、传导与中断、存储与提取等功能的各种零件部件,其结构形状的构造与创新在第 5 章也作了专门的论述,这里就不再详细展开讨论了。

3.3.3.2 机构选型

实现不同的运动变换选择不同的机构或结构,为使这一过程更简单方便,也通过建立构型解法目录的方法来实现。表 3-8 列出了各种运动形式变换所对应的机构;表 3-9 列出了各种机构的运动及动力特性;表 3-10 列出了实现各种工作原理采用不同机构的性能、特点、价格对照。

表 3-8　实现运动形式变换的常用机构

运动变换形式	常用机构	应用实例与原理
等速转动 → 等速转动	1. 连杆机构 　平行四边形机构 　双转块机构 2. 齿轮机构 　圆柱齿轮机构(轴线平行) 　圆锥齿轮机构(轴线相交) 　蜗轮蜗杆机构(轴线交错) 3. 行星齿轮机构 　摆线针轮机构(轴线平行) 　谐波传动机构(轴线平行) 4. 摩擦轮机构 5. 挠性件传动机构 　链传动 　带传动 　绳传动	机车联动机构,联轴器 联轴器 减速器,变速器 减速器,运动的合成与分解 减速器 减速器 无级变速 减速,输送 减速,输送,无级变速
等速转动 → 变速转动	1. 连杆机构 　双曲柄机构 　转动导杆机构 2. 非圆齿轮机构	惯性振动筛 刨床 自动机,压力机

运动变换形式	常用机构	应用实例与原理
等速转动 → 往复摆动	1. 连杆机构 曲柄摇杆机构 曲柄摇块机构 摆动导杆机构 2. 摆动从动件凸轮机构 3. 气、液动机构	破碎机 液压摆缸,自动装卸 牛头刨机构 各种执行机构
等速转动 → 往复移动	1. 连杆机构 曲柄滑块机构 移动导杆机构 2. 移动从动件凸轮机构 3. 不完全齿轮齿条机构	冲、压、锻等机械装置 缝纫机针头机构 配气机构
等速转动 → 单向移动	1. 齿轮齿条机构 2. 螺旋机构 3. 链传动机构 4. 带传动机构	压力机,千斤顶 输送机,升降机 输送机
等速转动 → 间歇运动	1. 棘轮机构 2. 槽轮机构 3. 不完全齿轮机构 4. 蜗杆式分度机构 5. 凸轮式分度机构 6. 气、液动机构	机床进给,单向离合器 车床刀架转位,电影放映机 转位工作台 转位工作台 转位工作台 分度,定位
实现特定的运动轨迹与位置	1. 连杆机构 四连杆机构 平行连杆机构 2. 凸轮机构 3. 行星齿轮机构 4. 滑轮机构	利用连杆曲线实现轨迹 直线导引,升降机 实现方形轨迹,直线移送 利用行星齿轮的轨迹 导引升降装置
实现加压缩紧	1. 连杆机构 2. 凸轮机构 3. 螺旋机构 4. 斜面机构 5. 棘轮机构 6. 气、液动机构	利用转动副的死点位置 利用反行程自锁性质 利用反行程自锁性质 超越离合装置 利用阀控制
实现运动的合成与分解	1. 差动连杆机构 2. 差动齿轮机构 3. 差动螺旋机构 4. 差动棘轮机构	数学运算 汽车用差速器 微调

表 3-9　常用机构的运动及动力特性

机构类型	运动及动力特性
连杆机构	可以输出转动、移动、摆动、间歇运动,可以实现一定的轨迹与位置要求,利用死点可用作夹紧、自锁装置;由于运动副是面接触,故承载能力大,加工精度高,但动平衡困难,不宜用于高速
凸轮机构	可以输出任意运动规律的移动、摆动,但动程不大;由于运动副是高副,又需要靠力或形封闭运动副,故不适用于重载
齿轮机构	圆形齿轮实现定传动比,非圆齿轮实现变传动比,功率与转速范围都很大,传动比准确可靠
挠性件传动机构	链传动因多边性效应,故瞬时传动比是变化的,产生冲击振动,不适应高速 带传动因弹性滑动,故传动比是不可靠的,但有吸振与过载保护性能;两者都可实现远距离传动
螺旋机构	可实现微动,增力,定位等功能;工作平稳,精度高,但效率低
蜗杆机构	传动比大,体积小;但效率低,可以实现反行程自锁
气、液动机构	常用于驱动、压力、阀、阻尼等机构;利用流体流量变化可以实现变速;利用流体的可压缩性可以实现吸振、缓冲、阻尼、控制、记录等功能;但有密闭性要求
电器机构	利用电、磁元件作为中介,可使机构快速启动与停止。多用于控制装置
间歇机构	常用的有棘轮机构、槽轮机构,它们可实现间歇进给、转位、分度,但有刚性冲击,不宜用于高速、精密要求场合;蜗杆式与凸轮式分度机构转位平稳,冲击振动很小,但设计加工难度较大

表 3-10　实现各种工作原理采用不同机构的性能、特点、价格对照

机构类型	控制方法与价格比较			
	开关控制	速度控制	力的控制	价格比较
机械类机构	各种离合器	连杆机构的杠杆比,或齿轮机构的传动比	连杆机构的杠杆比,或齿轮机构的传动比	便宜
液压类机构	各类换向阀	流量调解阀	溢流阀,压力开关,减压阀	贵
气压类机构	各类换向阀	不易控制	溢流阀,压力开关,减压阀	便宜
电磁类机构	开关、继电器	变压器、变阻器	变压器、变阻器	贵

3.3.3.3　构型综合的注意问题

(1) 应尽量满足或接近功能目标

满足原理要求或满足运动形式变换要求的机构种类繁多,采用多选淘汰法。多选几个,再进行比较,保留理想的,淘汰差的。例如,系统要求执行机构完成准确而连续的运动规律。可选机构类型很多,如连杆机构,凸轮机构,气、液动机构等。但经分析、比较,凸轮机构最理想。因为凸轮机构可以确保准确的运动规律,并且机构简单,价格便宜;连杆机构结构复杂,设计难度大;气、液动机构比较适合始、末位置要求准确,而中间位置没有要求的情况下;并且,气与液易泄漏,环境、温度的变化都影响其运动的准确性。

(2) 要力求结构简单

结构简单主要体现在运动链要短,构件与运动副数量要少,结构尺寸要适度,布局要紧凑。坚持这些原则,可使材料耗费少,成本低;运动链短,运动副少,机构在传递运动时积累的误差就少,运动副的摩擦损失就小,有利于提高机构的运动精度与机械的效率。

(3) 要方便与加工制造,提高精度

在平面机构中,低副机构比高副机构容易制造;在低副机构中,转动副比移动副容易保证配合精度。

(4) 要保证良好的动力特性

现代机械系统运转速度一般都很高,在高速运转中机械的动平衡问题应该高度重视。因此就希望在高速机械中尽量少采用杆式机构。若必须采用,则要考虑合理布置,已取得动平衡。例如两套结构、尺寸相同的曲柄滑块机构若按图 3-20(a) 布置,可以使总惯性力

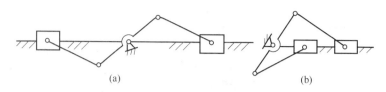

图 3-20 连杆机构合理布置的方法

得到完全的平衡；而若按图 3-20(b) 布置，则其总惯性力只得到部分的平衡。

（5）应注意机械效益与机械效率问题

机械效益是衡量机构省力程度的一个重要标志，机构的传动角越大，压力角越小，机械效益越高。构型与选型时，可采用最大传动角的机构以减小输入轴的转矩。机械效率反映了机械系统对机械能的有效利用程度。为提高机械效率，除了力求结构简单外，还要选用高效率机构。

（6）要考虑动力源及其形式

若有气、液源时，可采用气动、液压机构，以简化结构，也便于调速；若采用电动机，则要考虑原动构件的运动形式，最简单的是连续转动；机械系统若位置不固定，例如汽车等输送系统，只能采用各类发动机或燃料电池。

3.4 方案设计的评价

创新设计获得众多方案，这些方案包括本章介绍的机械系统的原理方案，也包括后续几章将要涉及的机构构型与机械结构的设计方案，但具体实施的方案却只有一个，因此就需要对众多方案进行评价，以获得最完善的方案。

3.4.1 方案评价的内容及指标

评价内容一般包括：

① 功能性　指实现预期功能目标的优劣程度，与同类产品比较是否具有先进性；

② 技术性　指产品的各项工作特性，如产品的运动与动力特性，产品的工艺性、可靠性等；

③ 经济性　主要指产品的成本、利润、回报率等；

④ 社会性　一般指产品的社会影响，资源的利用情况，以及环保与可持续发展性等。

方案评价内容较多，但具体设定评价指标时一般不超过 6～8 项，否则会影响主要功能目标的实现。另外还可以根据各项指标的重要程度设置加权系数。若用 q_i 表示每一项加权系数，则一般 $q_i < 1$，而总的加权系数之和为 1，即 $\sum q_i = 1$。每项指标的加权系数值可根据相关知识与经验来确定，其值越大，则意味着该项指标越重要。

3.4.2 评价方法

工程中方案的评价方法很多，如评分法、评价指标树、模糊评价法、矩阵法、技术经济法等。本节只介绍两种方法，评分法与评价指标树。

（1）评分法

评分法是根据分值的大小来评价方案的优劣。一般设定 0～5 分（或 0～10 分），对于中间值可用线性插入法求得，其基本程序如下。

ⅰ. 确定评价指标的数量 n 项，及各项评价指标的评价内容；

ii．列出待评价的 m 个方案对应评价指标的性能情况，并给出各项指标的加权系数 q_i；

iii．列出各项评价指标的分值表；

iv．按分值表对 m 个方案进行评分，得出相应的评分矩阵：

$$\boldsymbol{P} = \begin{bmatrix} \boldsymbol{P_1} \\ \boldsymbol{P_2} \\ \vdots \\ \boldsymbol{P_m} \end{bmatrix} = \begin{bmatrix} P_{11} & P_{12} & \cdots & P_{1n} \\ P_{21} & P_{22} & \cdots & P_{2n} \\ \vdots & \vdots & & \vdots \\ P_{m1} & P_{m2} & \cdots & P_{mn} \end{bmatrix};$$

v．考虑加权系数计算各方案总分，对总分进行比较，分值越高，方案越好。

下面通过一个实例说明。现有三种类型（即 $m=3$）的洗衣机设计方案，希望评价出最优方案。

i．设定评价指标为 3 项，具体内容与加权值为：

n_1 表示洗衣机的技术性能（洗净度，$q_1=0.5$）；

n_2 表示洗衣机的经济性（价格，$q_2=0.2$）；

n_3 表示洗衣机的社会性（环保，$q_3=0.3$）。

ii．三种洗衣机的性能情况及加权系数分配情况见表 3-11。

表 3-11　三种洗衣机性能及加权系数表

性能	洗净度	价格	环保性
加权系数	0.5	0.2	0.3
m_1	较好	较高	好
m_2	优	高	好
m_3	中等	中等	一般

iii．列出各项指标的分值表，见表 3-12。

表 3-12　洗衣机评价分值表

评价分值	n_1（洗净度）	n_2（价格）	n_3（环保性）
0	差	贵	差
1	较差	高	较差
2	中等	较高	一般
3	良	中等	较好
4	较好	较低	好
5	优	低	很好

iv．按分值标对 3 个方案进行评分，得出相应的评分矩阵：

$$\boldsymbol{P} = \begin{bmatrix} \boldsymbol{P_1} \\ \boldsymbol{P_2} \\ \boldsymbol{P_3} \end{bmatrix} = \begin{bmatrix} P_{11} & P_{12} & P_{13} \\ P_{21} & P_{22} & P_{23} \\ P_{13} & P_{23} & P_{33} \end{bmatrix} = \begin{bmatrix} 4 & 2 & 4 \\ 5 & 1 & 4 \\ 2 & 3 & 2 \end{bmatrix}$$

v．考虑加权系数计算 3 个方案总分，对总分进行比较：

$$P_1 = 0.5 \times 4 + 0.2 \times 2 + 0.3 \times 4 = 3.6$$
$$P_2 = 0.5 \times 5 + 0.2 \times 1 + 0.3 \times 4 = 3.9$$
$$P_3 = 0.5 \times 2 + 0.2 \times 3 + 0.3 \times 2 = 2.2$$

综合比较，第二种方案最好。

（2）评价指标树

为了更准确地评价每个方案的优劣，可以将方案的评价指标进行分层处理，一层指标为比较笼统的指标，将其分解成较具体的二层指标，还可将二层指标再分解成更具体的三层指标，依此类推，形成树状结构的指标树。为体现各项指标的重要程度，也附上加权系数，各下一级指标的加权系数之和必等于上一级指标的加权系数，同一级指标所有加权系数之和必须等于1。这样细化指标，使用起来更加方便，也使方案评价更准确。

下面还以洗衣机为例说明之，见图 3-21。

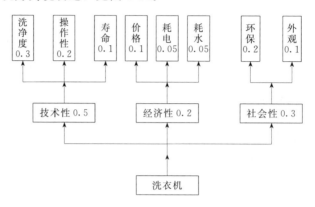

图 3-21 洗衣机评价指标树

习题

3-1 查阅相关的资料，描述你最熟悉的产品（例如汽车、计算机、手机等）的发展过程。即出生、成长、成熟、衰退；以及第二代产品的出现、成长…第三代产品…

3-2 例举一个你所熟悉的机械系统（例如汽车、打印机、手机等），说明系统中各子系统之间的相关性，即各子系统之间是如何相互影响，相互关联的。

3-3 进行社会调查，尽量多地列举出社会上现有的助残类的机械产品，并说明它们的各自功能以及不足；最后提出自己的改进设想。

3-4 请例举一个国产的系列化产品，说明产品名称以及各系列化品种的名称。

3-5 绘制自行车功能结构图。

3-6 绘制汽车功能结构图。

3-7 按照自己的设想，构思并绘制一个乳品灌装机的结构功能图。

3-8 分割与合并是技术冲突解决原理的两个基本方法，试举出这两种方法的应用实例。

3-9 自服务与多用性也是技术冲突解决原理的两个基本方法，试举出这两种方法的应用实例。

3-10 技术冲突解决原理是解决产品原理方案设计的一种很好的手段。试举出三个冲突实例，并运用该方法解决之。例如，雨伞面积大遮雨效果好，但更容易被风吹得难以撑好，该如何解决？

3-11 试编制出能实现接合与分开功能的原理解法目录。

3-12 在市场上进行观察或查阅资料的基础上填写下表。

资源类型	利用相应资源的技术或产品
时间资源	
空间资源	
系统资源	

3-13 观察并分析公共汽车各种开关车门的结构类型，用机构运动简图描述出来，分析各自特点。你若有新的想法，也请提出来共同讨论。

3-14 请建立一个洗衣机设计方案的形态矩阵。

3-15 请尝试利用评分法评价三种类型汽车的设计方案。

4 机构的创新设计

在实际的工程机械中，单一的基本机构得到了广泛应用，但当实现比较复杂的运动形式时，常常需要对机构重新构型，即进行机构的创新设计。机构的创新设计是机械创新设计的重要环节，基本方法有机构的变异、机构的组合、机构的再生、广义机构的应用等。

4.1 机构的变异设计与创新

机构的变异是指在以某个现有机构为原始机构的基础上，进行某些结构的改变或变换，从而演化形成一种功能不同或性能改进的新机构。变异与演化的方法可归纳为运动副的变异与演化、构件的变异与演化、机构的扩展、机构的倒置、机构的等效、机构的移植。通过变异与演化获得的新机构被称为变异机构。应用变异机构是为了改善、扩展原始机构的性能，开发新功能，也为机构的组合提供更多的基本机构。

4.1.1 运动副的变异与演化

运动副是构件与构件之间的可动连接，其作用是传递运动与动力，变换运动形式。运动副元素的特点影响着机构运动传递的精度，机构动力传递的效率。研究运动副演化、变异的方法或规律对改善原始机构的工作性能，以及开发具有新功能的机构具有实际的意义。

（1）运动副元素尺寸的变异

① 扩大转动副 扩大转动副主要是指组成转动副的销轴和轴孔在直径尺寸上的增大。各构件之间的相对运动关系没有改变。图 4-1(a) 所示曲柄摇杆机构，转动副 B 扩大，其销轴直径增大到包括了转动副 A，此时，曲柄 1 就变成了偏心盘，连杆 2 就变成了圆环状构件，原始机构就演化成一个旋转泵。该泵的工作原理是，偏心盘 1 为主动构件，绕固定铰 A 做定轴转动；环状连杆 2 沿机壳内表面做无间隙的平面运动，它们之间形成了变化的空间，用于流体的吸入与压出；连架杆 3 绕固定铰 D 做摆动，同时也作为隔板将泵体内的输入腔与输出腔隔离开。可以看出，由于转动副的扩大而导致具有新功能的机构产生。

图 4-1(b) 所示曲柄摇块机构，转动副 B 扩大，其销轴直径增大到包括了转动副 A，此时，曲柄 1 就变成了偏心盘 1，偏心盘绕 A 转动；导杆 2 就变成了一端圆环状，另一端为杆状的套圈，圆环端套在偏心盘 1 上，杆状端插入支撑块 3 上，并沿支撑块 3 滑动；支撑块 3 与壳体 4 组成转动副。当偏心盘 1 转动时，液体按图示箭头方向流动，套圈 2 的叶片 a 用以把吸入腔与输出腔隔开。这样使一个曲柄摇块机构就变异演化为一个旋转泵。

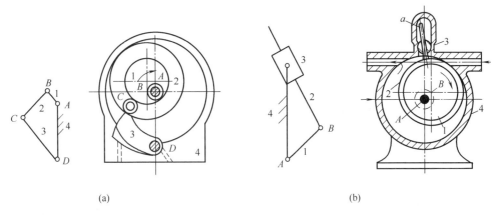

(a)　　　　　　　　　　　(b)

图 4-1　扩大转动副

② 扩大移动副　扩大移动副是指组成移动副的滑块与导路尺寸的增大，并且尺寸增大到将机构中其他运动副包含在其中。如图 4-2(a) 所示的冲压机构，扩大移动副，并将转动副 A、B、C 均包含在其中，并且连杆 2 的端部圆柱面 a—a 与滑块 3 上的圆柱孔 b—b 相配合，它们的公共圆心为 C 点。当曲柄 1 绕 A 轴回转时，通过连杆 2 使滑块 3 在固定导槽内作往复移动。因滑块质量较大，连杆的刚度也较大，将会产生较大的冲压力。

图 4-2(b) 所示为一曲柄导杆机构扩大水平移动副 C 演化为顶锻机构，大质量的滑块将会产生很大的锻压力。

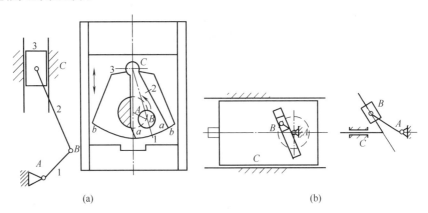

(a)　　　　　　　　　　　(b)

图 4-2　扩大移动副

(2) 运动副元素形状的变异

① 展直　在图 4-3(a) 所示的曲柄摇杆机构中，摇杆 3 上点 C 的轨迹是以 D 为圆心，L_{CD} 长为半径的圆弧；若构造一个弧形槽，将滑块制成扇形结构并置于槽中，机构运动特性并未改变，见图 (b)；若将弧形槽半径增至无穷大，则弧形槽就演变为直槽，滑块也

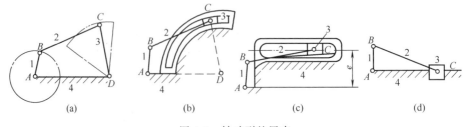

(a)　　　　(b)　　　　(c)　　　　(d)

图 4-3　转动副的展直

变为长方形滑块，转动副也就演化为移动副。铰链四杆机构也就演化为偏置式曲柄滑块机构，见图（c）。当图中偏距 $e=0$ 时，则成为对心式曲柄滑块机构，见图（d）。

类似这样的变异还有很多实例，如齿轮的基圆半径增至无穷大时，其渐开线的形状就变成直线，圆形齿轮也演化为齿条。槽轮副的展直，棘轮副的展直，凸轮副的展直等。

图 4-4（a）是一个不完全齿条机构，主动齿条 1 作往复移动，从动件 2 在往复摆动中间位置有停歇。图 4-4（b）是槽轮机构的展直变异，主动拨盘 1 连续转动，从动件 2 间歇移动，锁止形式与槽轮机构相似。

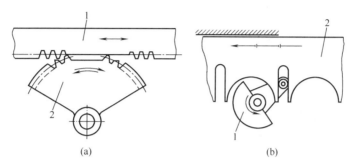

图 4-4　齿轮与槽轮的展直

② 绕曲　楔块机构的斜面接触若在移动平面上进行绕曲，就变成盘形凸轮机构的平面高副；若在水平平面上绕曲就演化成螺旋机构的螺旋副，如图 4-5 所示。

③ 重复再现　当运动副元素在机构的一个运动周期内重复再现时，原始机构就可以演化为具有新功能的机构。如图 4-6（a）所示，一摆动从动件弧面凸轮机构将摆杆设计成垂直面的圆盘形状，并使高副接触的小滚子沿圆盘轮缘重复再现，则演化成一种蜗杆式间歇运动机构，见图 4-6（b）。

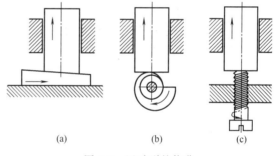

图 4-5　运动副的绕曲

图 4-6（c）是移动从动件圆柱凸轮机构，将推杆设计成水平面的圆盘形状，也使高副接触的小滚子沿圆盘轮缘重复再现，则演化成一种凸轮式间歇运动机构，见图 4-6（d）。

图 4-7 所示的凸轮机构用于钉扣机的纵向进给，它是将凸轮廓线进行重复再现。机构工作时，凸轮摆杆通过连杆机构带动工作台往复运动，凸轮廓线形状重复次数即工作台往

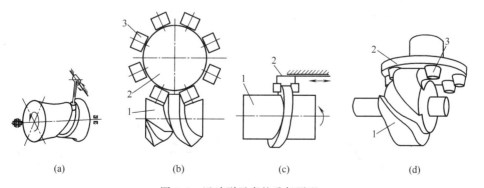

图 4-6　运动副元素的重复再现

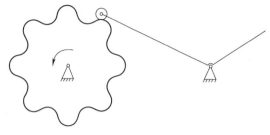

图 4-7 凸轮廓线的重复再现

复次数，就是钉扣的针数。

④ 运动副的替代 螺旋副是由螺杆和螺母组成，螺旋副用于传动时，可以实现由转动变移动的运动变换，例如，螺旋压力机一般是螺母转动使得螺杆移动，而牛头刨床的进给机构则是螺杆转动使得螺母移动。若从螺旋副旋转推进工作原理进行思维，将螺杆的螺牙形状设计成有利于物料被推进，而物料就相当于螺母，经过这样的替代就产生了螺旋推进器，如图 4-8 所示。

组成运动副的各元素之间的摩擦磨损是不可避免的，如何减少摩擦磨损带来的影响是设计者研究的课题之一。对于面接触的运动副可采用滚动摩擦代替滑动摩擦，如图 4-9 所示。实际应用中常见的有凸轮机构的滚子从动件、滚动轴承、滚动导轨、滚珠丝杠、套筒滚子链等。当然面接触的移动副也有承载能力高的优点，例如面接触的槽轮机构中，由移动副替代滚滑副以增加连接的刚性。

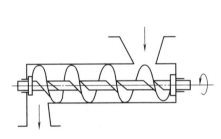

图 4-8 螺旋推进器

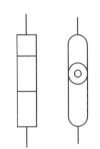

图 4-9 滚滑副代替移动副

还可以从运动副的自由度特性考虑构造替代的运动副。如球面副具有三个转动的自由度，它可由交汇于球心的三个转动副替代，既保留原球面副的自由度特性，又提高了连接的刚度，也容易加工制造，常用于万向联轴器，如图 4-10 所示。图 4-11 表示的是轴线重合的转动副和移动副替代了圆柱副。还有平面低副与平面高副之间的替代也可以演化出不同类型的机构。

4.1.2 构件的变异与演化

随着运动副尺寸与形状的变异，构件形状也发生了相应的变化，以实现新的功能。但在运动副不变化的条件下，仅构件进行变异也可以产生新机构或获得新的功能。

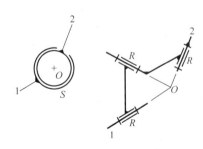

图 4-10 球面副的替代

图 4-11 圆柱副的替代

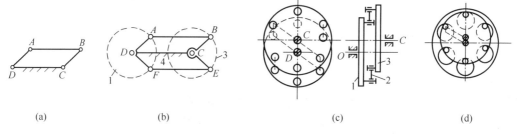

| (a) | (b) | (c) | (d) |

图 4-12　联轴器的变异（1）

（1）构件形状的变异

图 4-12 是圆盘式联轴器的演化变异过程，它是由平行连杆机构 ABCD〔图（a）〕增加了虚约束后〔图（b）〕改变连架杆 AD 和 BC 的形状，即为两个圆盘〔图（c）〕，并进一步缩小机架 CD 的尺寸而形成，还可继续增加虚约束，以增加运动与动力传动的稳定性和联轴器的连接刚度。将圆盘式联轴器进一步地变异，把连杆与两个转动副 A、B 用高副替代，即构造成孔与销的结构，就形成了孔销式联轴器〔图（d）〕。这种联轴器结构紧凑，常用于摆线针轮减速器的输出装置中。

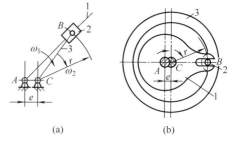

图 4-13(a) 所示的转动导杆机构，减小偏距 e，将连架杆 1 和 3 变异为两个圆盘，滑块 2 用滚滑副替代，则构造了一种联轴器，用来传递轴线不重合的两轴之间的运动与动力，见图 4-13(b)。

图 4-13　联轴器的变异（2）

在摆动导杆机构中，若将导杆 2 的导槽某一部分做成圆弧状，并且其槽中心线的圆弧半径等于曲柄 OA 的长度。这样，当曲柄的端部销 A 转入圆弧导槽时，导杆则停歇，实现了单侧停歇的功能，并且结构简单，见图 4-14。

受导杆弧形槽的启发，可将滑块设计成带有导向槽的结构形状，直接驱动曲柄作旋转运动，构造出无死点的曲柄机构，可用于活塞式发动机，见图 4-15。

构件形状变异的内容是很丰富的，例如齿轮有圆柱形、截锥形、椭圆形、非圆形、扇形等；凸轮有盘形、圆柱形、圆锥形、曲面体等。经过这样的变异过程，新机构就可以实现新的功能，或改变了运动传递的方向，或改变了运动传递的规律。总结构件形状的变异规律，一般是由直线形向圆形、平面曲线形以及空间曲线形变异，以获得新的功能。

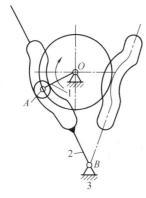

图 4-14　间歇摆动导杆机构

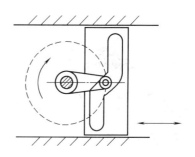

图 4-15　无死点曲柄机构

另外，为了避免机构运动的干涉，也经常需要改变构件的形状。

（2）构件的合并与拆分

构件的变异与演化还可以通过对机构中的某个构件进行合并与拆分实现新的功能或各种工作要求。

共轭凸轮可以看成是由主凸轮与副凸轮合并而构成，如图 4-16 所示，其中图（a）和图（c）是分开结构，由于受到需要同步驱动装置的限制，以及体积大的影响，一般实际应用很少；图（b）和图（d）是合并结构，实际应用较多。

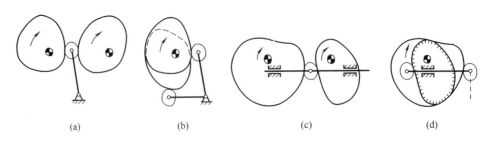

(a)　　　　　　(b)　　　　　　(c)　　　　　　(d)

图 4-16　共轭凸轮

图 4-17 所示的平行分度凸轮也是一种空间的共轭凸轮，两个凸轮，两个从动件系统合并，实现特殊要求的运动规律。

图 4-18 所示的也是一种有特殊运动规律要求的凸轮机构，从动件往复运动时接触不同的凸轮廓线，并且不同的廓线被合并在一个凸轮上，凸轮向上运动时，从动件滚子与凸轮左侧廓线接触；凸轮向下时，滚子与凸轮右侧廓线接触。因此实现了从动件以不同运动规律往复运动。但是需要注意，随着从动件的往复运动，外载荷方向也应交替变换，即载荷方向应始终与运动方向相反。

构件的拆分是指，当某些构件进行无停歇的往复运动时，可以只利用其单程的运动性质，变无停歇的往复运动为单程的间歇运动。例如内外槽轮机构就可以看作是由摆动导杆机构拆分而获得的。如图 4-19 所示，分析摆动导杆机构的运动可以发现，当曲柄的 B 铰处于 B' 位置时，摆杆的摆动方向与曲柄同向；当曲柄的 B 铰处于 B'' 位置时，摆杆的摆动方向与曲柄反向。摆动方向改变的位置是曲柄垂直于导杆时的位置。若以该垂直位置为分界线，把导杆的槽拆分成两部分，一部分如图（c）所示，为外槽轮机构；另一部分如图（d）所示，为内槽轮机构。

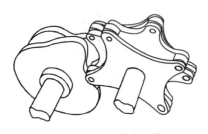

图 4-17　平行分度凸轮

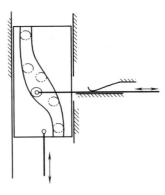

图 4-18　变廓凸轮

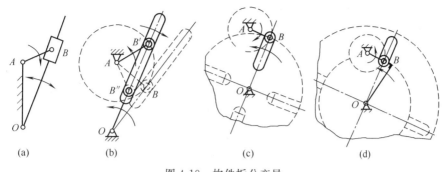

图 4-19　构件拆分变异

4.1.3　机构的扩展

机构的扩展是指在原始机构的基础上，增加构件及与之相适应的运动副，用以改变机构的工作性能或开发新功能。

（1）引入虚约束

图 4-20（a）所示的转动导杆机构可以传递非匀速转动，若将导杆的摆动中心 C 置于曲柄的活动铰 B 的轨迹圆上，则导杆 CB 将做等速转动，其角速度为曲柄 AB 角速度的一半，见图（b）。但这种机构运动到极限位置时将会出现运动不确定的情况，为了消除运动不确定性，采取机构扩展的方法，加入第二个滑块，并将导杆设计成十字槽形的圆盘，见图（c）。双臂曲柄两端滑块在十字槽中运动，圆盘和转臂绕各自的固定轴转动，由于是低副传动，则可实现较大载荷的传动，并且噪声很低。串联两种这样的机构就可以获得1：4的无声传动。但在引入虚约束时必须注意符合虚约束尺寸条件。

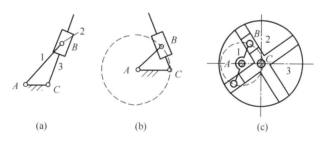

图 4-20　无声传动机构

（2）变换运动副

变换运动副的性质以适应机构扩展而引入的过约束。图 4-21 所示的三种凸轮机构具有明显的增程效果，机构的压力角没有增大，机构的几何尺寸也没有增大，而是利用凸轮

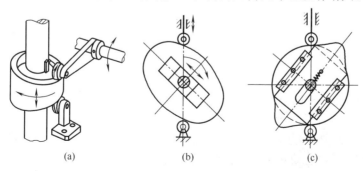

图 4-21　增程凸轮机构

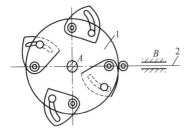

图 4-22　可变廓线的凸轮机构

的对称结构形状，增加从动件的同时改变凸轮固定转动副的性质所获得的。其中图（a）是在凸轮轴上采用导向键连接，变转动副为圆柱副，增加了自由度，消除了因增加的从动滚子而带来的过约束；图（b）和图（c）可以看作是导向键的变异结构。

（3）增加辅助机构

图 4-22 为可变廓线的凸轮机构，凸轮上装有四个具有圆弧槽的廓线片，每一片都可以根据设计需要旋转，然后通过圆弧槽内的螺钉固定，由此可以实现不同的运动规律。

同样，棘轮机构可以通过增加棘轮罩，改变输出的摆角；在连杆机构中也常常增加辅助机构来调节杆长，以实现不同的运动规律。

4.1.4　机构的倒置

机构的倒置包括机架的变换与主动构件的变换。按照相对运动原理，倒置后的机构各构件相对运动关系并不改变，但可以改变输出构件的运动规律，以满足不同的功能要求；还可以简化机构运动与动力分析的方法，使机构设计与分析变得简单。

（1）平面连杆机构

在机械原理课程中已经介绍过由铰链四杆机构的机架变换可以生成：曲柄摇杆机构、双曲柄机构与双摇杆机构，见图 4-23(a)；由含有一个移动副的四杆机构的机架变换可以生成：曲柄滑块机构、转（摆）动导杆机构、曲柄摇块机构、定块机构，见图 4-23(b)；由含有两个移动副的四杆机构的机架变换可以生成：双滑块机构、双转块机构、正弦机构、正切机构，见图 4-23(c)。

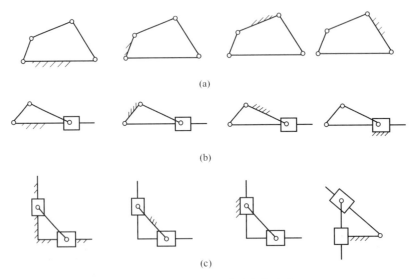

图 4-23　平面四杆机构的机架变换

在图 4-24(a) 所示的六杆机构中，若以 6 杆为主动构件，则机构为Ⅲ级机构，如图 4-24(b) 所示；若以 1 杆为主动构件，则机构为Ⅱ级机构，如图 4-24(c) 所示。为简化运动与动力分析过程，常采用变换主动构件方法将Ⅲ级机构转化为Ⅱ级机构进行分析，求出相对运动关系及其参数值，再确定所求的某点的绝对运动或动力参数值。

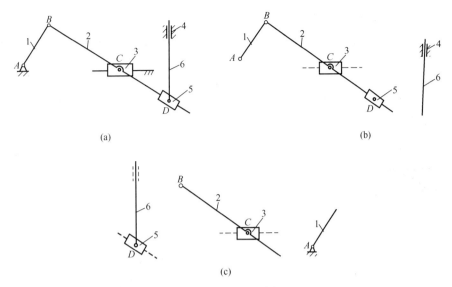

(a)

(b)

(c)

图 4-24　变换主动件

（2）凸轮机构

凸轮机构为三构件高副机构，三个构件分别是凸轮、推杆（或摆杆）、连接凸轮与推杆的二副杆（或机架）。以摆动从动件盘形凸轮机构为例，一般常用的工作形式如图 4-25(a) 所示，凸轮 1 主动，摆杆 2 从动；如果对主动件进行变换，摆杆 2 为主动件，则生成了如图 （b） 所示的反凸轮机构；如果对机架进行变换，构件 2 为机架，构件 3 主动，则生成了如图 （c） 所示的浮动凸轮机构；或凸轮固定，构件 3 主动，则生成了固定凸轮机构。

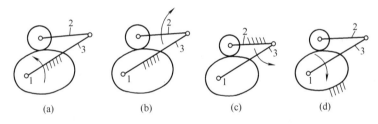

(a)　　　　(b)　　　　(c)　　　　(d)

图 4-25　凸轮机构的倒置

图 4-26 是反凸轮机构的应用，推杆 1 主动，做往复移动；凸轮 2 从动，做间歇转动。当杆 1 从图示位置向左移动时，右侧滚子使凸轮做逆时针转动。当杆 1 移动到左极限位置时，凸轮的左侧齿尖越过左侧滚子。而推杆 1 再向右移动时，左侧滚子就进入齿间继续推动凸轮逆时针转动。

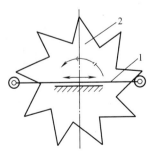

图 4-26　反凸轮机构的应用

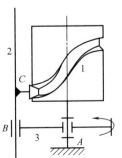

图 4-27　固定凸轮机构的应用

图 4-27 是固定凸轮机构的应用。圆柱凸轮 1 固定，在其沟槽内安置从动件 2 上的小滚子 C，构件 2 与主动件 3 组成移动副。当 3 构件绕固定轴 A 转动时，构件 2 在随构件 3 转动的同时，还按特定的运动规律沿移动副 B 移动。

（3）其它传动机构

齿轮机构机架变换后就生成了行星齿轮机构，如图 4-28（a）所示；齿形带或链传动等挠性传动机构机架变换后也生成了各类行星传动机构，如图 4-28（b）所示。

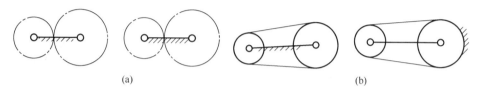

(a)　　　　　　　　　　　(b)

图 4-28　齿轮与挠性件传动机构的机架变换

图 4-29 所示的是一个用于清洗汽车玻璃窗的挠性件行星传动机构。其中挠性件 1 连接固定带轮 4 和行星带轮 3，转臂 2 的运动由连杆 5 传入。当转臂 2 摆动时，与行星轮 3 固结的杆 a 及其上的刷子做复杂平面运动，实现清洗工作。

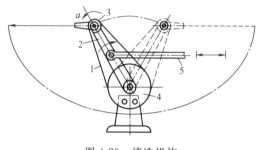

图 4-29　清洗机构

4.1.5　机构的等效代换

机构的等效代换是指，两个机构在输入运动相同时，其输出运动也完全相同。这样的两个机构可以互相代换，以满足不同的工作要求。

（1）利用运动副的替代原理进行等效代换

前文已经介绍了平面高副与低副互相替代的原理，利用这个原理完全可以进行机构的等效代换。例如对于各种偏心盘的凸轮机构可被相应的连杆机构代换，或反之，见图 4-30，其中图（a）是尖底推杆偏心盘形凸轮机构与曲柄滑块机构的等效代换；图（b）是滚子摆杆偏心盘形凸轮机构与曲柄摇杆机构的等效代换；图（c）是平底摆杆偏心盘形凸轮机构与摆动导杆机构的等效代换。

从以上等效代换实例可以看出，当高副接触点的瞬时速度中心位于一定点时，就可以实现完全的代换，而不是瞬时的代换。也可以看出若用高副机构等效代换低副机构必须构造代换构件的瞬心线。

（2）利用瞬心线构造等效机构

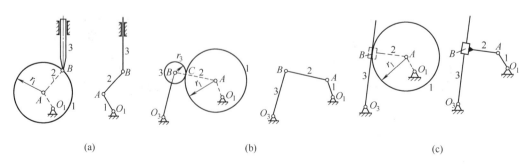

(a)　　　　　　　　(b)　　　　　　　　(c)

图 4-30　偏心盘凸轮机构与连杆机构的等效代换

图 4-31 为一铰链四杆机构 $ABCD$，连杆 2 与机架 4 的绝对速度瞬心为 P_{24}。根据三心定理很容易确定 P_{24} 位于 AB 和 DC 的延长线交点上，把机构运动的各个位置的 P_{24} 点连成曲线，即为连杆 2 的定瞬心线，见图（a）。

图 4-31(b) 是图（a）的连杆机构的倒置机构，其中杆 2 固定，杆 4 运动。当倒置机构运动时，瞬心 P_{42} 描述一条与图（a）不同的曲线，称该曲线为原机构的动瞬心线。

图 4-31(c) 表示了附着在连杆 2 上的动瞬心线与附着在机架 4 上的定瞬心线在四杆机构图示位置时刚好相切。因此，完全可以通过将杆 2 和杆 4 各自加工成瞬心线所构造的形状，使动瞬心线在定瞬心线上实现无滑动的纯滚动，并且拆掉杆 1 或杆 3。那么构件 2 的运动与原机构中连杆 2 的运动完全等效，原铰链四杆机构就可被三构件高副机构代换。

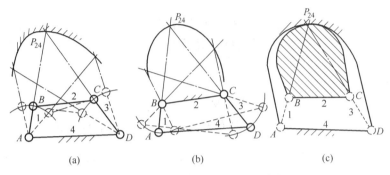

图 4-31 铰链四杆机构的等效代换

这种等效代换的实用价值在于能克服连杆机构的极限位置所存在的运动不确定问题。例如反平行四边形机构，当从动曲柄与连杆两次处于共线位置时，从动曲柄将出现运动不确定情况，也就影响了这种机构的工作性能。为解决这一问题，就可以利用瞬心线构造一个等效机构取而代之。因为要实现 1 杆相对于 3 杆的运动效果代换，则构造瞬心线时应分别以 1 杆或 3 杆为机架，然后去掉连杆 2。如图 4-32 所示，构造出反平行四边形机构的等效机构为椭圆形高副机构，该高副机构可以设计成椭圆齿轮机构。

正置曲柄滑块机构是对心式曲柄滑块机构一特例，即曲柄长 OA 等于连杆长 AB。该机构的特点是，当曲柄回转一周时，滑块的行程是曲柄长的 4 倍。可以在结构尺寸较小的情况下实现较大的位移，但当曲柄运动到与机架垂直位置时，滑块的运动将不确定。为解决这一问题同样采用上述方法构造一个等效机构进行代换。因为要实现的是连杆 2 上 B 点的位移要求，所以在构造瞬心线时应分别以 2 杆或 4 杆为机架。它们分别是两个圆，其中定瞬心线圆的半径是动瞬心线圆的半径的 2 倍，如图 4-33 所示。若将两个瞬心线的圆当作两个齿轮的节圆，圆 O 为固定的内齿轮，圆 A 为行星轮，保留连架杆 1 作为行星架，

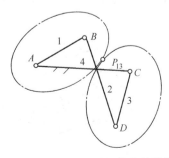

图 4-32 反平行四边形机构的等效代换

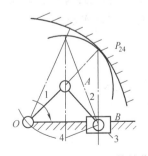

图 4-33 正置曲柄滑块机构的等效代换（1）

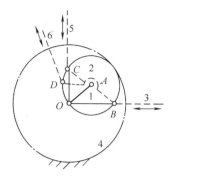

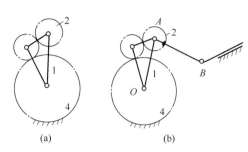

图 4-34　正置曲柄滑块机构的等效代换 （2）　　　　图 4-35　周转轮系的等效代换 （1）

并且要求两轮齿数比为 $z_4/z_2=2$。这样当行星架 1 转动时，行星轮节圆上任何一点（例如 B 点）的轨迹均为通过定点 O 的直线，并且当 1 杆转动一周时，B 点的行程是 1 杆长的 4 倍，见图 4-34。

（3）周转轮系的等效代换

图 4-34 所示的行星齿轮机构的结构尺寸大，并且内齿轮加工成本高，给使用者带来诸多不便。为解决这一问题可以利用具有不同结构，但具有相同输入、输出的周转轮系进行等效代换。图 4-34 所示的周转轮系部分的转化机构的传动比是 $i_{24}^1=\dfrac{n_2-n_1}{n_4-n_1}=\dfrac{z_4}{z_2}=2$。

若将原来的内啮合变为外啮合，并保持传动比不变，即 $z_4/z_2=2$，同时增加一个介轮保持原来的方向不改变，就构造了一个与图 4-34 完全等效的机构，见图 4-35(a)。若在行星轮 2 上固联一杆，并使 $AB=OA$，如图 (b) 所示，当行星架 1 转动时，B 点输出移动的行程是 1 杆长的 4 倍。

将机构进一步简化，用同步带或链传动代换外啮合的齿轮传动，可以去掉介轮，构造了一个带有挠性件的周转轮系。若也在行星轮 2 上固结一杆，并使 $AB=OA$，如图 4-36 所示，当行星架 1 转动时，B 点输出移动的行程是 1 杆长的 4 倍。该机构常用于有大行程要求的场合。

（4）机构功能的等效代换

利用各种非刚性材料的特性进行机构运动功能的等效代换，这是一种简化机构结构的很有效途径。例如图 4-37 所示的钢带滚轮机构，钢带的一端固定在滚轮上，另一端固定在移动滑块上，当滚轮逆时针转动时，中间钢带将缠绕在滚轮上而拖动滑块向右移动；当滚轮顺时针转动时，两侧钢带将缠绕在滚轮上而拖动滑块向左移动。它等效于齿轮齿条机构，适用于要求消除传动间隙的轻载工作场合。

图 4-38 是利用纤维材料扭曲与放松而导致其缩短与伸长的特性，采用该材料制作成可移动连杆，用以实现从动件的摆动。

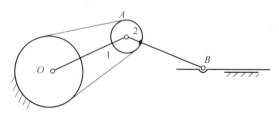

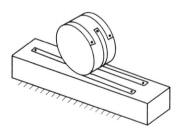

图 4-36　周转轮系的等效代换 （2）　　　　图 4-37　钢带滚轮机构

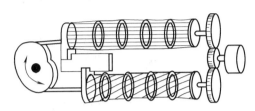

图 4-38　纤维连杆机构

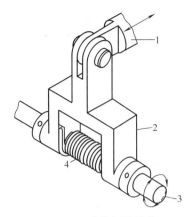

图 4-39　弹性间歇机构

图 4-39 是利用弹性元件的弹性变形实现间歇运动。图中 2 构件的两端与输出转动轴构成转动副，2 构件的两臂间装有扭簧 4，扭簧的一端固定在 2 构件上，并与转轴 3 之间有配合。当 2 构件逆时针转动时，扭簧被放松，3 轴不受影响而保持静止状态；当 2 构件顺时针转动时，扭簧被拧紧而紧固在轴 3 上使轴 3 转动。该机构可以被看作是棘轮机构的等效机构，但结构简单，并且没有噪声。

图 4-40 是两种往复摆动机构的等效代换。其中图（a）是曲柄摇块与齿轮齿条的组合机构，其工作原理是，曲柄 8 输入转动，齿条导杆 9 做平面运动，致使摇块摆动；而导杆 9 上的齿条又使齿轮 11 实现往复摆动的输出。该机构可以实现较大的摆动角。但齿条导杆 9 与滑套 10 之间存在的摩擦力影响了传动效率；并且齿轮与齿条间的侧隙也影响了齿轮往复摆动的精度。

而图 4-40(b) 作为图（a）的等效机构则克服了上述缺点，它被称为无背隙的往复摆动机构。该机构由框架 1、齿形带 2、无轴的圆柱形浮动轮 3（无齿）、齿形带轮 4、调整螺钉 5、输出轴 6、主动曲柄 7 组成。工作时，主动曲柄 7 输入连续转动，使框架 1 做平面运动，致使齿形带运动，从而带动与其啮合的齿形带轮实现绕固定轴的摆动；螺钉 5 用来调节带 2 的张紧程度。该机构的特点是，传动无间隙，并且齿形带的弹性可吸收换向时的柔性冲击。

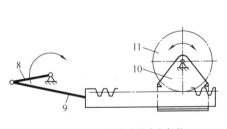

(a) 曲柄摇块齿轮齿条机构

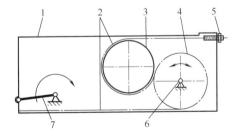

(b) 无背隙往复摆动机构

图 4-40　摆动机构的等效代换

4.1.6　运动原理的移植

机构的移植是指传动原理的移植，主要有啮合原理的移植，差动原理的移植，谐波传动原理的移植等。

齿轮机构的啮合传动具有传动可靠、平稳、效率高的特点，但不方便于远距离传动。带传动可实现远距离传动，但摩擦传动不可靠，效率低。如果移植了齿轮传动的啮合原理，把刚性带轮与挠性带设计成互相啮合的齿状，就产生了齿形带，即同步带传动。

（1）差动原理的移植

差动原理经常用于齿轮传动，被称作差动轮系，用于运动的合成与分解。例如汽车后轮的差速机构，其工作原理是将发动机输出的运动分解给两个车轮，使两个车轮的运动能适应各种转弯与直行功能。

差动原理还可以用于螺旋机构、凸轮机构、含挠性件的传动机构、间歇运动机构等，其差动原理与差动齿轮机构相同。

图 4-41 所示的是差动螺旋机构常用的三种形式。图（a）是同轴单螺旋传动，机构由螺杆、螺母、机架组成。螺杆与机架组成转动副，螺杆与螺母组成螺旋副。工作时，同时输入螺杆与螺母的转动，结果实现螺母的差动移动。即螺杆转动一周，螺母转动 Δn 周，则螺母移动距离为 $S \pm \Delta S$（S 为螺旋的导程，负号表示螺杆和螺母转动方向相同，正号则表示相反）。该机构结构简单，可实现微动和快速移动，常用于高精度机床的螺距误差校正机构，以及组合机床车端面的机械动力头。

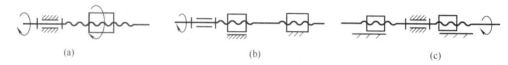

图 4-41　常用差动螺旋机构

图 4-41(b) 是同轴双螺旋传动，也是螺杆、螺母、机架三构件空间机构，其中螺杆与机架一端组成转动副，另一端组成螺旋副；螺母与机架组成移动副；螺杆与螺母组成螺旋副。当螺杆转动一周时，螺母移动距离为：$S_1 \pm S_2$（S_1 与 S_2 分别为两个螺旋的导程，正号表示两螺旋旋向相反，负号则表示相同）。该机构常用于仪器中的微调机构。

图 4-41(c) 也是同轴双螺旋传动，两个螺母都与机架组成移动副，但两个螺母旋向相反。工作时，螺杆转动，两螺母实现快速分离或合拢。该机构常用于机车车厢之间的连接，可使车钩较快的连接或脱开，也常用作台钳夹紧机构。

图 4-42 为差动螺旋机构的应用实例，其中图（a）是镗床中镗刀的微调机构；图（b）为车辆连接器；图（c）为台钳夹紧机构。

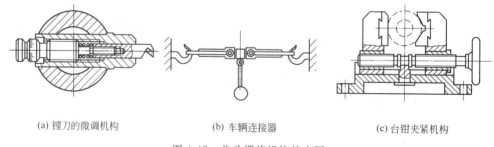

(a) 镗刀的微调机构　　　　　(b) 车辆连接器　　　　　(c) 台钳夹紧机构

图 4-42　差动螺旋机构的应用

图 4-43 是一种凸轮差动机构，该机构由三个同轴转动的构件组成，它们分别是外凸轮 1、推杆 2 和内凸轮 3。内外凸轮的凸凹轮缘上均布数量不等的齿槽，一般为奇数；推杆沿内外凸轮之间的圆周布置，一般布置偶数个带有滚子的推杆，推杆的个数为两凸轮的齿槽数量之和的约数。例如，内凸轮 3 有 13 个齿槽，外凸轮 1 有 11 个齿槽，则推杆的个数为：(13+11)/3＝8。机构工作时，沿圆周连在一起的推杆和两个凸轮之一输入转动，另一个凸轮则输出转动。

图 4-44 是挠性件差动机构。圆柱形滚轮 2 绕固定轴 A 转动，盘 1 绕固定 B 轴转动，盘 1 上装有 6 个尺寸相同的滚轮 3，另外盘上还安装了两个导向轮 5，滚轮 2、3、5 的

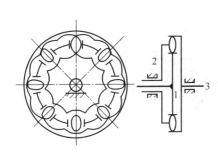

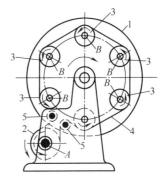

图 4-43　凸轮差动机构　　　　　　　　　图 4-44　挠性件差动机构

轮缘上安装有挠性构件 4。工作时，滚轮 2 和盘 1 输入运动，滚轮 3 输出 2、1 两个运动的合成。

（2）谐波传动的移植

谐波传动是靠中间挠性构件（柔轮）的弹性变形来实现运动与动力传递的。这种传动原理常用于齿轮传动，也可移植到螺旋与摩擦传动中。

图 4-45 是一种谐波齿轮传动，基本构件有柔轮 1、刚轮 2 和波发生器 H。其中波发生器为主动件，柔轮为从动件，刚轮固定。柔轮形状为圆环形，齿数 z_1，刚轮齿数 z_2，比 z_1 略大，波发生器的形状根据工作要求确定，有双波的和三波的，有凸轮式和滚轮式结构。由于波发生器的引入，迫使柔轮产生弹性变形，使其长轴两端的齿完全与刚轮啮合，短轴两端的齿完全脱离，位于长短轴之间的齿处于啮入或啮出的过渡状态。当波发生器转动时，随着柔轮变形部位的变更，使得柔轮与刚轮之间在啮入、啮合、啮出、脱离四种状况中不断变化，从而使柔轮相对与刚轮按波发生器相反的方向转动。该机构输出的传动比为 $i_{H1} = -z_1/(z_2 - z_1)$，速比范围为：50～500。

图 4-46 是滚轮式三波谐波齿轮传动，并且柔轮为内齿轮，刚轮为外齿轮，波发生器设在外圆周上。

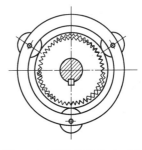

图 4-45　谐波齿轮传动（1）　　　　　　图 4-46　谐波齿轮传动（2）

将谐波传动原理用于螺旋传动，则为谐波螺旋传动。它可实现变转动为缓慢的移动，或相反；也可实现转动的减速。图 4-47 是将转动变为缓慢的移动的谐波螺旋传动，其中 H 为波发生器，其截面形状为椭圆形；1 为薄壁螺杆（柔性螺杆），原始形状为环状圆柱形；2 为刚性螺母，为固定件。1 与 2 的螺纹形状、螺距及旋向均相同。当波发生器转动时，由于柔性螺杆的变形，使其与刚性螺母之间产生螺纹周长之差，致使柔性螺杆 1 沿螺纹平均半径产生无滑动的滚动，并将转过不大的角度。波发生器的转角和柔轮 1 的转角之比为机构的传动比，其值取决于波发生器的椭圆轴的尺寸差和螺纹的平均半径。若螺杆只

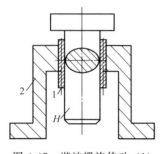

图 4-47　谐波螺旋传动（1）

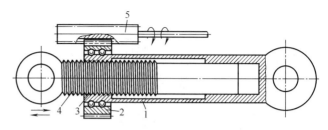

图 4-48　谐波螺旋传动（2）

作移动，不转动，则其轴向位移量约为：0.1～0.0025mm。

图 4-48 是一种用于运动转换的谐波螺旋传动机构。2 为双排配置的滚珠发生器，其外表面为与齿轮 5 啮合的齿轮轮缘；3 为柔性螺母并与套管 1 固结为一体；4 为刚性螺杆；1 与 4 的端部有铰链副元素。当齿轮 5 输入转动时，可使螺杆和套管获得转动或摆动。

4.2　机构组合设计与创新

常用的基本机构包括连杆机构、凸轮机构、齿轮机构、间歇运动机构、含有挠性件的传动机构、螺旋传动机构及其这些机构的倒置机构。随着生产过程机械化、自动化的发展，对机构输出的运动和动力特性提出了更高的要求，单一的基本机构具有一定的局限性，使其在某些性能上不能满足要求。例如连杆机构在高速运转时需要解决动平衡问题，单一的连杆机构也难以实现一些特殊的运动规律；凸轮机构虽然可以实现任意的运动规律要求，但行程小，且行程不可调；齿轮机构虽然有良好的运动与动力特性，但运动形式简单，并且也不适合远距离传动。

机构组合是指将几个基本机构按照一定的原则或规律组合成一个理想的机构，目的是改善基本机构的缺点，更好地完成工程实际中运动和动作的要求。因此，机构的组合是机构创新设计的重要的途径。

机构的组合方式一般分为四种：串联式组合、并联式组合、封闭式组合、装载式组合。

4.2.1　串联式组合

串联式组合是指若干个基本机构顺序连接，每一个前置机构的输出运动是后置机构的输入，连接点设置在前置机构的输出构件上，可以设在前置机构的连架杆上，也可以设在前置机构的浮动构件上。串联组合的结构形式如图 4-49 所示。

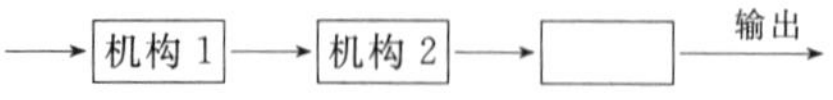

```
——→ 机构1 ——→ 机构2 ——→ □ ——→ 输出
```

图 4-49　串联组合

（1）串联组合的基本思路

在对基本机构进行串联组合时，需要了解每种基本机构的特点，分析哪些基本机构在什么条件下适合做前置机构，又在何种场合适合做后置机构，然后才能进行具体的组合。

① 前置机构为连杆机构　其输出构件可以是连架杆，它能实现往复摆动、往复移动、等速、变速转动等输出，可具有急回性质等；输出构件也可以是连杆，连杆的刚体导引性质、连杆上某点的轨迹特性常被串联组合设计时利用。

常采用的后置机构有：连杆机构，可利用杠杆原理，确定合适的铰接位置，在机构传动角不减小的条件下，实现增力或增程的功能；也可以利用变速运动的输入，获得等速运动的输出；或者利用特殊的轨迹实现特殊的运动规律。后置机构若是凸轮机构，则可获得变速凸轮、移动凸轮以及获得更复杂的运动规律等功能。后置机构若为齿轮机构，可以实现增程、增速等特殊要求的功能。后置机构还可以是间歇运动机构、螺旋机构等。

② 前置机构为凸轮机构　对于凸轮是主动构件的凸轮机构，虽然可以输出任意运动规律，但因行程受机构压力角的限制不能太大，若串连后置机构可以实现增程、增力，又能满足特殊运动规律的要求。对于凸轮机构的倒置机构，则可利用机构中浮动构件的特殊轨迹串联后置机构，实现更复杂的运动规律要求。

③ 前置机构为齿轮机构　对于输入输出构件均为齿轮的齿轮机构，其后置机构可以是连杆机构、凸轮机构、齿轮机构或其它机构。其功能主要是减速、增速等。对于齿轮机构的倒置机构，则一般是利用浮动构件行星齿轮的特殊轨迹，串联后置机构后而获得特殊的运动要求。

④ 前置机构为其它机构　其它机构常用的有非圆齿轮机构、间歇运动机构、挠性件传动机构等。串联后可实现特殊要求的运动规律，或可以改善后置机构输出构件的动力特性。

⑤ 多级串联组合　指三个或三个以上基本机构的串联，串联后的机构可以实现工作要求的运动规律，又可以实现增程等多种功能。

（2）实例分析

串联式组合可以实现增力、增程、各种特定的运动规律以及改善后置机构的运动与动力特性等功能。

① 增力功能　图 4-50 是实现增力功能的肘杆增力机构。它是由一个前置曲柄摇杆机构 $ABCD$ 和后置摇杆滑块机构 DCE 串联组合而成。在基本机构 DCE 中，连杆 CE 上受有 P 力的作用，致使滑块 E 产生向下的冲压力 Q，则 $Q = P\cos\alpha$。随着滑块 E 的下移，α 减小，压力 Q 增大 ［见图 4-50(a)］。若串联一个铰链四杆机构 $ABCD$ 作为前置机构，设连杆受力为 F，则后置机构的执行构件滑块 E 所受的冲压力为：$Q = P\cos\alpha = \dfrac{FL}{S}\cos\alpha$。此时，随着滑块 E 的下移，在 α 减小的同时，L 增大，S 减小。在 F 不增大的条件下，冲压力 Q 增大了 L/S 倍 ［图 4-50(b)］。

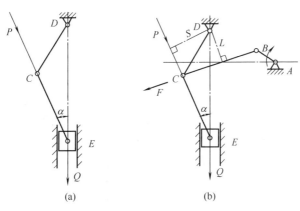

(a)　　　　　　(b)

图 4-50　肘杆增力机构

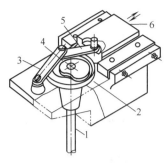

图 4-51 凸轮增力机构

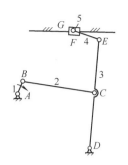

图 4-52 自动横机的导线机构

图 4-51 所示为一凸轮增力机构，其中凸轮 2、摆杆 3 与机架组成了凸轮机构，它为前置机构；后置机构由摆杆 3、连杆 5、滑块 6 组成的肘杆机构。合理地设计凸轮廓线，使其形状有利于连杆 5 的传力，以达到增力的效果。

② 增程功能　图 4-52 所示为用于自动横机的导线机构，因工艺要求实现大动程的往复移动，所以进行了串联组合。它是由前置的曲柄摇杆机构 ABCD 和后置的摇杆滑块机构 DEG 串联组合而成。机构综合时，可根据动程的大小来确定 DE 的杆长。

图 4-53 所示的连杆齿轮机构中，曲柄滑块机构 OAB 为前置机构，后置机构为齿轮齿条机构。其中齿轮 5 空套在 B 点的销轴上，它与两个齿条同时啮合，在下面的齿条固定，在上面的齿条能做水平方向上的移动。当曲柄 1 回转一周，滑块 3 的行程为 2 倍的曲柄长，而齿条 6 的行程又是滑块 3 的 2 倍。该机构用于印刷机械中。

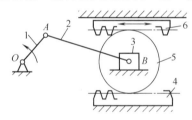

图 4-53 用于增程的连杆齿轮机构

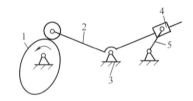

图 4-54 用于增程的凸轮连杆机构

图 4-54 所示的凸轮连杆机构中，摆动从动件盘形凸轮机构为前置机构，摆动导杆机构为后置机构。在凸轮机构中，摆杆的摆角受机构传力要求的限制，应小于 2 倍的压力角，一般最大只能达到 50°。为了实现运动规律要求，又要实现大摆角的输出，只能采用串联组合形式，如图 4-54 所示，增大摆杆 2 的尺寸，减小摆杆 5 的尺寸，就可使摆杆 5 输出较大的摆角。

③ 实现输出构件特定的运动规律　特定的运动规律常见的有输出构件的部分行程要求等速、减速、停歇或当主动构件完成一个行程时，输出构件能实现两个行程等。

实现这种特殊运动规律的输出，可以通过多级不同类型机构巧妙的组合，或根据杠杆原理调整相关构件的长度尺寸，还可以利用浮动构件的特殊轨迹以及相适宜的连接点来获得。

图 4-55 所示为可实现等速移动功能的牛头刨床的串联组合机构，机构 I 为转动导杆机构 ABD，曲柄 1 主动，输入匀速转动。连架杆 BE 为输出构件，输出非匀速转动。机构 II 为摆动导杆机构 BCE，输入构件为 BE，输出构件为 CF。机构 III 是摇杆

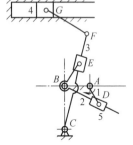

图 4-55 牛头刨机构

滑块机构 CFG，输入构件为 CF，输出构件为滑块 4。经过 3 个基本机构的串联，将使滑块 4 在所需要的区段内实现匀速移动的功能。

图 4-56 是用于毛纺针梳机导条机构上的椭圆齿轮连杆机构。前置机构是椭圆齿轮机构，输出非匀速转动；中间串联一个齿轮机构，用于减速；后置机构是曲柄导杆机构，将转动转变为移动，使输出构件 5 实现近似的匀速移动，以满足工作要求。

图 4-57 是一洗瓶机的推瓶机构，它是由凸轮、齿轮、连杆机构串联组合而成。推瓶机构要求推头 M 点的轨迹沿 ab 以较慢的速度推瓶，并快速返回，这一功能由铰链四杆机构 ABCD 来完成；凸轮机构用来控制 CD 杆预期的速度；而扇形齿轮机构则用来减小凸轮的升程。

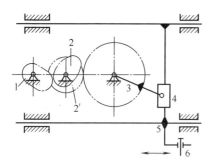

图 4-56　毛纺针梳机导条机构

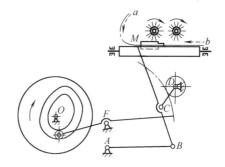

图 4-57　洗瓶机的推瓶机构

图 4-58 为行星齿轮连杆机构。该机构是利用行星齿轮机构中浮动构件行星齿轮输出的特殊运动轨迹，串联组合后置的连杆机构，使输出构件满足特定的运动规律。其中系杆 1 为主动构件，当固定齿轮 5 与行星齿轮 2 的齿数满足 $z_5 = 3z_2$ 时，齿轮 2 节圆上点的轨迹是 3 段近似圆弧的摆线，其圆弧的半径近似等于 $8r_2$（r_2 为齿轮 2 的节圆半径）。所以当连杆 3 的长度等于 $8r_2$，并且滑块 4 与连杆 3 的铰接点近似位于圆心位置时，滑块处于停歇状态。

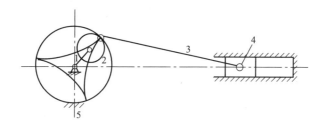

图 4-58　行星齿轮连杆机构

图 4-59 是一个输出构件具有间歇运动特性的串联组合机构。前置机构为曲柄摇杆机构 OABD，其中连杆 E 点的轨迹为图中虚线所示，后置机构是一个具有两个自由度的五杆机构 DBEF。因连接点设在连杆的 E 点上，所以当轨迹为直线时，输出构件将实现停歇，曲线轨迹时，输出构件再摆动。

图 4-60 也是连接点设在浮动构件上的一个应用实例。它的特点是，当主动构件 1 完成一个运动循环时，输出构件 5 可往复移动两次。其原因是连杆 2 上 A 点的运动轨迹是一个具有自交点的 8 字形轨迹。该串联组合机构的前置机构是曲柄摇杆机构 BCDE，后置机构是 EDAF，连接点设在连杆的 A 点。

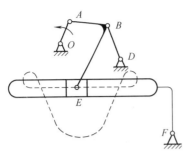

图 4-59 间歇运动六杆机构

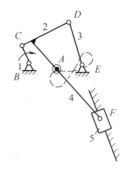

图 4-60 两次动程的六杆机构

利用浮动的挠性构件特殊的运动规律与轨迹，串联一个后置的杆组可实现大行程的移动，或不同运动规律的组合。如图 4-61(a) 所示，当 1 轮绕 B 轴转动时，通过挠性件 2 上的销 a 带动导杆 4 在固定导槽 p 内移动。当 1 轮作等角速度转动，并且 a 位于直线移动区间范围时，导杆做匀速直线运动。

图 4-61(b) 所示为三个具有等径带轮挠性件传动的曲柄滑块机构。直径相等的轮 1、5 和 6 之间由挠性件 2 传动，连杆 3 分别与挠性件 2 和滑块 4 铰接，滑块的固定导路 a 平行于 5、6 轮的中心线 CD。当轮 1 绕固定轴线转动时，若 A 点的轨迹为水平直线时，则连杆 3 与滑块 4 均做平移运动；若 A 点的轨迹为斜直线时，则机构相当于双滑块机构（椭圆仪机构）；若 A 点的轨迹为圆弧时，则机构相当于偏置式曲柄滑块机构。

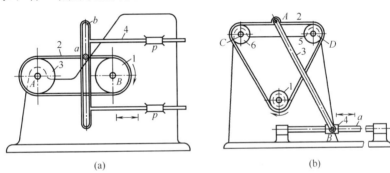

(a)　　　　　　　　　　　　　(b)

图 4-61 带挠性件传动的组合机构

④ 改善输出构件的动力特性　槽轮机构常用于转位和分度的机械装置中，但其运动与动力特性不太理想，尤其在槽数较少的外槽轮机构中，其角速度与角加速度的波动均达到很大数值，造成工作台转位的不稳定。分析原因，则是因为主动拨盘一般作匀速转动，并且回转半径是不变的。当运动传递给槽轮时，由于主动拨盘的滚销在槽轮的传动槽内沿径向位置相对滚移，致使槽轮受力作用点也沿径向位置发生变化。若滚销以不变的圆周速度传递运动时，导致槽轮在一次转位的过程中，角速度由小变大，又由大变小。由于角速度的变化，导致角加速度的产生，从而带来了槽轮转位时的冲击与振动。为改善这种状况，可采用串联式组合方式。

图 4-62(a) 是采用双曲柄机构为前置机构，槽轮机构的主动拨盘固连在双曲柄机构 ABCD 的从动曲柄 CD 上，对双曲柄机构进行尺寸综合，要求从动曲柄 E 点的变化速度能够中和槽轮的转速变化，实现槽轮的近似等速转位。

图 4-62(b) 绘制出经过优化设计的双曲柄槽轮机构与普通槽轮机构的角速度变化曲

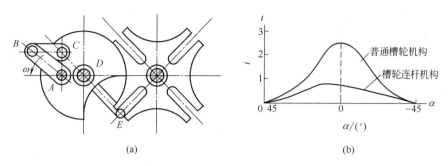

图 4-62　双曲柄机构与槽轮机构的串联组合

线的对照线图。其中横坐标 α 是槽轮动程时的转角，纵坐标 i 是从动槽轮与其主动构件的角速比。可以看出，经过串联组合的槽轮机构的运动与动力特性有了很大的改善。

图 4-63 是采用曲柄滑块机构为前置机构，后置机构为槽轮机构的串联组合。其中图（a）中的曲柄 1 为主动件，连杆上圆销 3 作图上虚线所示的轨迹运动，它驱动槽轮 2 实现间歇转位运动。并且滑块 4 在槽轮转动停止时及时地进入槽轮的径向槽内，实现可靠的锁止功能，此处分度槽又起定位槽的作用。但若槽数为偶数时，需要专设定位槽供滑块进入实现定位，如图（b）所示。

这种串联的转位机构可在较高速度条件下工作，并且转位平稳，锁止可靠，结构简单，远胜于普通的槽轮机构。

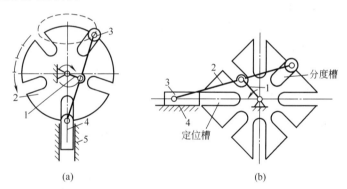

图 4-63　曲柄滑块机构与槽轮机构的串联组合

4.2.2　并联式组合

两个或多个基本机构并列布置，运动并行传递，称为机构并联式组合。并联组合一般分为三种形式，如图 4-64 所示。

图 4-64　机构的并联组合

4.2.2.1　并联组合的基本思路

机构的并联组合可实现机构的平衡，改善机构的动力特性，可完成复杂的需要互相配合的动作与运动。

① Ⅰ型并联组合　又称为并列式并联组合，并联的两个基本机构的类型、尺寸相同，对称布置。它主要用于改善机构的受力状态、动力特性、自身的动平衡，运动中的死点问题，以及输出运动的可靠性等问题。并联的两个基本机构常采用连杆机构或齿轮机构，它们共同的输入或输出构件一般是两个基本机构共用的。有时是在机构串联组合的基础上再进行并联式组合（见图4-65～图4-68）。

② Ⅱ型并联组合　又称为合成式并联组合，并联的两个基本机构最终将运动合成，完成较复杂的运动规律或轨迹要求。两个基本机构可以是不同类型的机构，也可以是相同类型的机构。其工作原理是两基本机构的输出运动互相影响或作用，产生新的运动规律或轨迹，以满足机构的工作要求（图4-69、图4-70）。

③ Ⅲ型并联组合　又称为时序式并联组合，要求输出的运动或动作严格符合一定的时序关系。它一般是同一个输入构件，通过两个基本机构的并联，分解成两个不同的输出，并且这两个输出运动具有一定的运动或动作的协调（图4-71、图4-72）。

4.2.2.2　实例分析

（1）改善机构的工作性能

图4-65所示为某飞机上采用的襟翼操纵机构。它是由两个齿轮齿条机构并列组合而成，用两个移动电机输入运动，可以使襟翼摆动速度加快。如果一个移动电机发生故障，另一个移动电机可以单独驱动（这时襟翼摆动速度减半）。这样就增大了操纵系统的安全程度，即增强了输出运动的可靠性。

图4-66所示为压力机的螺旋杠杆机构。其中两个尺寸相同的双滑块机构 *CBP* 和 *ABP* 并联组合，并且两个滑块同时与输入构件1组成导程相同，旋向相反的螺旋副。机构的工作原理时，构件1输入转动，使滑块 *A* 和 *C* 向内或向外移动，从而使构件2沿导轨 *P* 上下移动，完成加压功能。由于并联组合，使滑块2沿导路移动时，滑块与导路之间几乎没有摩擦阻力。

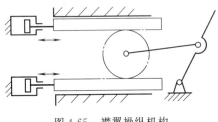

图 4-65　襟翼操纵机构

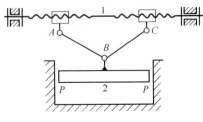

图 4-66　螺旋杠杆机构

图4-67所示是活塞机的齿轮杠杆机构。其中两个尺寸相同的曲柄滑块机构 *ABE* 和 *CDE* 并联组合，同时与齿轮机构串联。*AB* 和 *CD* 与汽缸的轴线夹角相等，并且对称布置。齿轮转动时，活塞沿汽缸内壁往复移动。若机构中两齿轮与两个连杆的质量相同，则汽缸壁上将不会受到因构件的惯性力而引起的动压力。

图4-68所示是一个能使工件周期性转过90°，无空程的棘轮机构。其中两个尺寸相同的曲柄滑块机构并联组合，通过两个棘爪驱动一个四齿棘轮实现间歇转动。其工作原理是，主动构件8输入移动，使摇杆1和3每次转位45°，当构件8往返一个行程时，两个棘爪轮换推动棘轮转过45°，结果棘轮获得双倍的，即90°的角位移。

以上四个例子的特点是，并联的两个基本机构类型与尺寸均相同，并且对称布置，具有相同的或共同的输入与输出构件，因此在机构运动时，可以得到自身的动平衡与良好的

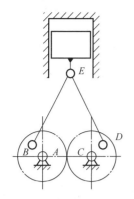

图 4-67　活塞机的齿轮杠杆机构

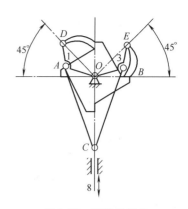

图 4-68　双棘爪机构

受力状况；可以提高工作的可靠性；使机构的工作性能得到很大的改善。

（2）实现特定的运动轨迹或运动规律

图 4-69 是自动输送机械装置。它是由两个凸轮机构并联组合而成，端面凸轮 1 使输出构件左右移动，盘形凸轮 2 使输出构件上下移动，它们有共同的输入构件。最终使被输送的物料 5 沿矩形轨迹运动。

图 4-70 是压力机机构。它是由两个五杆机构 A_0ACD 和 B_0BCD 并联组合而成，它们同时又串联了尺寸相同的齿轮机构。工作时，主动齿轮同时与分别和两个曲柄 1 和 2 固连的齿轮相啮合，因而使两个曲柄能同步转动，致使滑块 6 沿导路 7 上下移动。该机构的工作原理是，铰接点 C 的轨迹 k 的形状而使冲头 6 的运动速度能够满足工艺要求，即冲头由其上折返位置以中等速度接近工件，然后以较低且近似于恒定的速度对工件进行加工，最后由下折返位置快速返回。设计时，根据这样一个工艺要求综合机构的尺寸，使 C 点的轨迹符合要求。

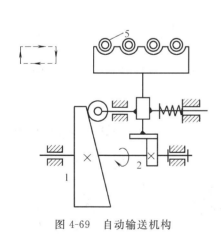

图 4-69　自动输送机构

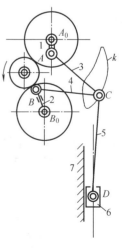

图 4-70　压力机机构

（3）完成复杂动作的配合

图 4-71 是双滑块驱动机构。摇杆滑块机构与反凸轮机构并联组合，共同的主动构件是作往复摆动的摇杆 1。一个从动构件是大滑块轮 2，摆杆 1 的滚子在滑块的沟槽内运动，致使滑块左右移动，相当于一个移动凸轮；另一个从动件则是小滑块 1，由摇杆 1 经连杆

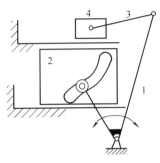

图 4-71　双滑块驱动机构

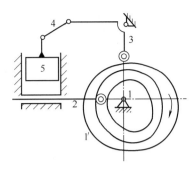

图 4-72　冲压机构

传递运动，致使小滑块也实现左右移动。因有不同的机构传递运动，所以大小滑块具有不同的运动规律。该机构一般用于工件的输送装置。工作时，大滑块在右端位置先接受工件，然后左移，再由小滑块将工件推出。设计时需注意两个滑块动作的协调与配合。

图 4-72 是冲压机构。它是由摆动从动件盘形凸轮机构与摇杆滑块机构先进行串联组合，然后串联的凸轮连杆机构再与推杆盘形凸轮机构进行并联组合。组合以后，由两个固联在一起的凸轮输入运动，推杆 2 与滑块 5 分别输出运动。工作时，推杆 2 负责输送工件，滑块 5 完成冲压。因此设计时要特别注意时序关系，一般应按照机构运动循环图进行机构的尺寸综合。

4.2.3　封闭式组合

封闭式组合是指以二自由度的机构为基础机构，单自由度的机构为附加机构，再将两个机构中某些构件并接，组成一个单自由度的组合机构。封闭式组合有两种形式，如图 4-73 所示。

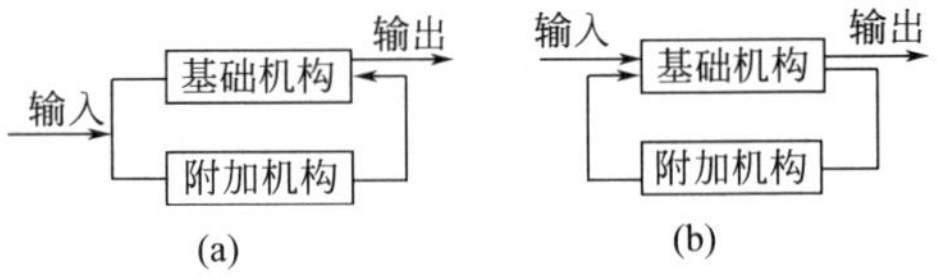

4.2.3.1　封闭式组合的基本思路

封闭式组合一般是不同类型基本机构的

图 4-73　封闭式组合

组合，并且各种基本机构融为一体，成为一种新机构，如齿轮连杆机构、凸轮连杆机构、齿轮凸轮机构等。其主要功能是实现比较特殊的运动规律，如停歇、逆转、加速、减速、前进、倒退、增力、增程、合成运动等。

封闭式组合机构设计过程比较复杂，缺乏共同的规律，设计时需要根据具体机构进行尺寸综合与分析。

（1）以差动齿轮机构为基础机构

二自由度的差动齿轮机构常见的结构组成如图 4-74 所示。其中图（a）的中心齿轮 5

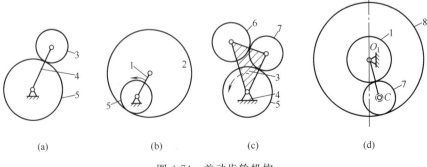

图 4-74　差动齿轮机构

与行星齿轮 3 是外啮合的结构；图（b）的中心齿轮 5 与行星齿轮 2 是内啮合的结构，该图是中心轮 5 是外齿轮，行星轮 2 是内齿轮，也可以相反，即中心轮为内齿轮，行星轮为外齿轮；图（c）是增加了惰轮 7，6 和 7 为串接的两个行星轮；图（d）是两个中心轮 1 和 8，一个行星轮 7，系杆为 O_1C。

单自由度的附加机构可以是连杆机构，则构成齿轮连杆机构；可以是凸轮机构，则构成了齿轮凸轮机构；若为齿轮机构则构成了复合轮系。

（2）以差动凸轮机构为基础机构

二自由度的差动凸轮机构常见的结构组成如图 4-75 所示。其中图（a）构件 2 为浮动杆，构件 2 与连架杆 3 可以组成转动副，也可以组成移动副；连架杆 3 与机架可以组成转动副，也可以组成移动副。图（b）是凸轮为浮动构件；若将图（b）中的机架长度缩短至零，就演变成图（c）的结构。

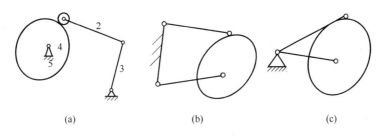

图 4-75　差动凸轮机构

单自由度的附加机构若是连杆机构，则构成了凸轮连杆机构；若是齿轮机构，则构成了凸轮齿轮机构。

（3）以差动连杆机构为基础机构

二自由度的差动连杆机构常见的结构组成如图 4-76 所示。其中 5 个转动副中可有一个或两个可为移动副。若将图（a）中的机架长短缩短至零，就演变成图（b）的结构。单自由度的附加机构可以是齿轮机构，则构成连杆齿轮机构；若是凸轮机构，则构成连杆凸轮机构。

下面以齿轮连杆机构为例，分析封闭式的组合过程、结构特点以及运动特点。

组合过程如图 4-77 所示，2 个自由度的差动轮系为基础机构，单自由度的铰链四杆机构为附加机构。组合后，附加机构的连架杆 2 与基础机构的系杆 2 合并，并且作为组合机构的输入构件。另外附加机构的浮动连杆与基础机构的浮动构件行星齿轮固结。

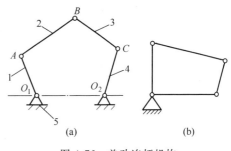

图 4-76　差动连杆机构

从组合过程可以分析其结构特点是，两个基本机构的组合必须具有两个同类构件的合并，这里的同类是指运动形式的同类。如同为连架杆，或同为浮动构件等。

分析其运动特点，ω_1 为机构的输出参数，ω_2 为机构的输入参数，ω_3 为构件 3 的角速度。由基础机构得 $\dfrac{\omega_1-\omega_2}{\omega_3-\omega_2}=-\dfrac{z_3}{z_1}=-i_{13}$，则 $\omega_1=\omega_2-i_{13}(\omega_3-\omega_2)$。

由附加机构可求得：$\omega_3-\omega_2$，则机构就可求出任意位置的 1 构件的角速度。

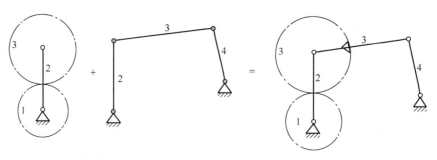

图 4-77 齿轮连杆机构的组合

若在机构运动的某区间使 $\omega_3 - \omega_2 = \dfrac{\omega_2}{i_{13}}$，则 $\omega_1 = 0$。

若使 $\omega_3 = 0$，则 $\omega_1 = \omega_2(1 \pm i_{13})$。

对机构按照不同的运动规律要求进行综合时，主要的设计问题是确定 1 齿轮和 3 齿轮的齿数比，以及附加的四连杆机构尺寸综合问题。

4.2.3.2 实例分析

（1）实现特定的运动规律

特定的运动规律包括任意角度的转位、停歇、逆转，连架杆的函数运动要求，浮动杆的轨迹要求，以及急回特性等运动规律。

图 4-78(a) 所示为封闭式组合的齿轮连杆机构。中心轮 1、行星轮 2 和系杆 3 组成了差动齿轮机构；附加机构为曲柄滑块机构 ABC。主动构件为系杆 3，连杆 BC 与行星轮 2 并接，输出构件为中心轮 1。当 $BC = 2AB$，$z_2/z_1 = 4/5$ 时，中心轮 1 输出的运动线图 4-78(b) 所示。从图 (b) 中可以看出，当主动构件 3 转动一周时，从动轮 1 步进转角为 $72°$，并且在转位的开始和终结位置出现逆转。

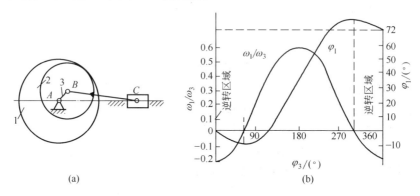

图 4-78 齿轮连杆机构及其运动规律

设计这种机构时，步进转位角的大小，逆转角度的大小，停歇时间的长短，可以通过选择不同的齿数比，以及连杆机构中不同杆长比来实现。

可以实现长时间停歇的齿轮导杆机构如图 4-79 所示。中心轮 1 和 8，行星轮 7，系杆 6 和机架构成了差动齿轮机构；构件 1、2、3、4 和构件 3、5、6、4 构成了两个导杆机构串联的附加机构。其中导杆 O_1A 与中心轮 1 固连；系杆 6 同时又作为导杆存在。机构中主动构件是 1，输出构件为 8。该机构可实现长时间的停歇，并且具有较高的停歇精度。与槽轮机构相比，避免了刚性冲击，且可无级地满足运动系数的要求，但该机构结构较为复杂。

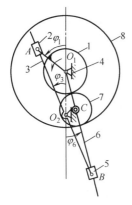

图 4-79　齿轮导杆机构

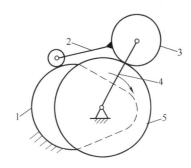

图 4-80　齿轮凸轮机构

图 4-80 是齿轮凸轮机构。3、4、5 构件与机架组成了差动齿轮机构；固定凸轮机构 1、2、4 为附加机构。其中行星轮 3 与固定凸轮机构中的浮动杆 2 固连，构件 4 既为固定凸轮机构中的连架杆，又是差动齿轮机构中的系杆。机构中，4 构件为主动构件，中心轮 5 为输出构件。当构件 4 以等角速度转动时，中心轮 5 则因凸轮轮廓曲线的形状变化可获得多样化的运动规律。

图 4-81(a) 所示为变连杆长度凸轮连杆机构。构件 1、3、4、5 组成了差动凸轮机构，附加机构为导杆机构 2、3、4、5。其中，3 构件既为导杆机构中的导杆，又是差动凸轮机构中浮动杆；构件 4 则为两个机构中共同的连架杆。机构工作时，凸轮为主动件，输入转动；连架杆 4 是从动件，输出摆动。由于凸轮轮廓曲线的变化，导致机构在运动过程中可以使导杆长度有规律的变化，使得输出构件连架杆 4 的摆动规律可调，同时还可以实现浮动导杆 3 上某点的轨迹要求。

设计时，为改善机构的传力特性，可适当调整摆块 2 的摆动中心与凸轮转动中心的距离，如图 4-81(b) 所示。

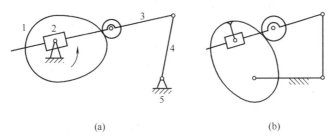

(a)　　　　　　　　　　　　　　(b)

图 4-81　变连杆长度的凸轮连杆机构

图 4-82 是变曲柄长度的连杆凸轮机构。组合机构中，五连杆机构为具有两个自由度基础机构，固定凸轮机构为附加机构。差动连杆机构中的浮动杆 2 与连架杆 3 也是固定凸轮机构中浮动杆与连架杆。其中，图 4-82(a) 的基础机构是具有一个移动副的差动连杆机构，图 4-82(b) 的基础机构是具有二个移动副的差动连杆机构。工作时，主动构件是曲柄 1，输出构件是连架杆 3。改变凸轮轮廓曲线的形状，可以有规律地调节曲柄 1 的长度，同时连杆 2 与曲柄 1 的铰接点的运动规律及运动轨迹也受凸轮廓线的影响，最终使输出构件 3 实现工作要求的运动规律与行程。

（2）实现增程与增力功能

图 4-83 是增程的连杆凸轮机构。差动连杆机构 ABCD 作为基础机构，附加机构是固定凸

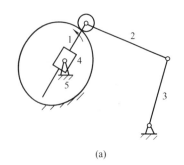 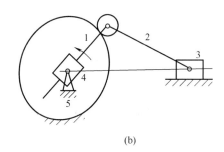

(a)　　　　　　　　　　　　(b)

图 4-82　变曲柄长度的连杆凸轮机构

轮机构。固定凸轮机构中的浮动杆 BC 与连架杆 AB 也是差动连杆机构中的浮动杆与连架杆。机构的主动构件为曲柄 AB，输出构件是滑块 D。该机构的特点是，输出构件滑块 D 的行程比简单凸轮机构推杆的行程增大几倍，而凸轮机构的压力角仍可控制在许用值范围内。

图 4-84 是增程的齿轮连杆机构。差动齿轮机构为 2、3、4、5；附加机构位曲柄摇杆机构。对于普通的曲柄摇杆机构，摇杆的摆角受到限制。若采用图示的封闭式组合形式，输出的齿轮 5 的摆角将比摇杆 3 的摆角成倍增加。

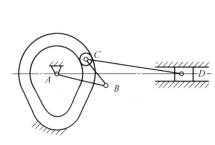　　　　　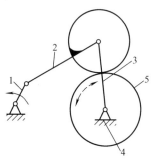

图 4-83　增程的连杆凸轮机构　　　　图 4-84　增程的齿轮连杆机构

分析图 4-82 与图 4-83 的连杆凸轮机构可以发现，固定凸轮机构与差动连杆机构共用浮动杆与连架杆。按照这样一个规律可以设计一个冲压机构，如图 4-85(a) 所示。机构中，1、2、3、4 构件与机架组成了一个差动连杆机构，附加机构为固定凸轮机构，其中浮动杆是 3，连架杆是 4。主动构件 1 转动时，输出构件 4 完成上下的冲压。可以通过设计凸轮廓线的形状来控制 3 构件与 4 构件铰接点的轨迹与速度规律，实现增力效果。

如果在构件 4 与 2 之间再串联一个 II 级杆组 6 与 7，则就生成了一个双向冲压机构，见图 4-85(b)。当构件 1 输入转动时，在滑块 7 向下压的同时，拉杆 4 向上顶，物料 8 被压制成形。

（3）实现大速比的功能

改变图 4-77 齿轮连杆组合机构的结构尺寸，将其中的曲柄摇杆机构变为平行双曲柄机构，如图 4-86（a）所示。工作时，系杆

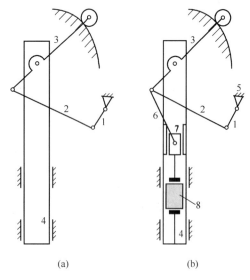

(a)　　　　　(b)

图 4-85　增力的连杆凸轮机构

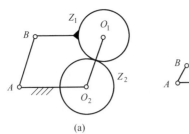
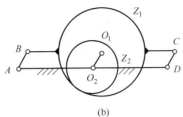

$$\text{(a)} \qquad\qquad\qquad \text{(b)}$$

图 4-86　平动齿轮机构

O_1O_2 是主动构件，输入转动，中心轮 2 输出运动。若将 1 与 2 的外啮合齿轮改为内啮合齿轮，并增加需约束 CD，就形成了图 4-86(b) 所示的齿轮连杆机构。设输入运动的系杆 O_1O_2 的转速为 ω_H，分析该机构输入与输出运动参数关系如下：

$$\frac{\omega_2 - \omega_H}{\omega_1 - \omega_H} = \frac{z_1}{z_2}$$

因为行星齿轮 1 与平行双曲柄机构中的连杆固连，则该构件只作平动，角速度 $\omega_1 = 0$。故该机构也被称作为平动齿轮机构。将 $\omega_1 = 0$ 代入上式，再进行整理得：

$$\frac{\omega_2}{\omega_H} = 1 - \frac{z_1}{z_2}$$

通过上式可以看出，若两个齿轮的齿数差很少，则该机构将获得很大的传动比。将这种机构设计成减速器，单级传动比在 $11 \sim 99$ 之间，双级传动比可达 9801。

分析该机构的运动特点，则是因为行星齿轮作平动的结果，可以使行星齿轮作平动的附加机构还有正弦机构。如图 4-87 所示，即为附加机构为正弦机构的齿轮移动导杆机构。其中图 4-87(a) 的行星轮是内齿轮，它固连在正弦机构中的浮动杆上，输出运动的中心轮是外齿轮；图 4-87(b) 的行星轮是外齿轮，而输出运动的中心轮是内齿轮。

（4）实现运动的合成

在图 4-88 所示的机构中，蜗杆机构是具有两个自由度的基础机构，机构中蜗杆轴与机架组成了空间圆柱副，蜗轮与机架组成转动副；凸轮机构为附加机构。在图 4-88(a) 中，凸轮与蜗杆固连，

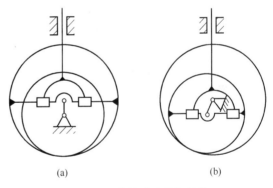

$$\text{(a)} \qquad\qquad\qquad \text{(b)}$$

图 4-87　齿轮移动导杆机构

并作为主动构件输入转动，输出构件蜗轮的角位移有两部分组成，一部分是由蜗杆转动而产生的；另一部分是由凸轮的变化廓线所导致的蜗杆轴移动而产生的，即 $\varphi_2 = \dfrac{z_1}{z_2}\varphi_1 \pm \dfrac{s_1}{r_2}$。

在图 4-88(b) 中，凸轮与蜗轮固连。蜗杆轴主动，在输入转动的同时，因受凸轮廓线的影响而产生轴向移动。这样传输给蜗轮的运动是转动与移动两个运动的合成。这种机构常用于机床，作为运动误差的补偿。

4.2.4　装载式组合

装载式组合是将基本机构装载在另一个基本机构的运动构件上而成。这种组合机构的主要功能是使末端输出构件实现复杂的工艺动作。设计的主要问题是根据所要求的运动或

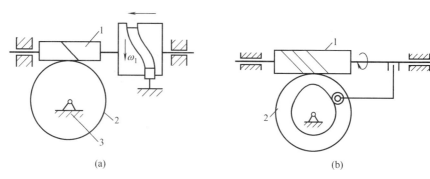

图 4-88　蜗杆凸轮机构

动作如何选择各基本机构的类型，以及如何解决各输入运动的控制。为使机构运动的输入输出形式简单，容易控制，一般常将各基本机构设计成单自由度的。其组合形式有两种，一种是各基本机构的运动关系是相对独立的，两个基本机构之间的共用构件只有一个，称为单联式；另一种是两个基本机构之间的共用构件不止一个，被称为双联式。其结构形式如图 4-89 所示。

图 4-89　装载式组合

（1）单联式装载组合

图 4-90 是电动玩具马的传动机构。基本机构 ABC 为曲柄摇块机构，它装载在另一基本机构，即两杆机构的运动构件 4 上。工作时，两个基本机构分别的输入构件是 4 和 1，致使组合机构末端输出构件上马的运动轨迹是旋转运动和平面运动的叠加，产生了一种飞奔向前的动态效果。该机构有两个自由度，需要两个输入构件，它们分别是 1 和 4。

图 4-91 是工业机械手。工业机械手的末端手指 A 为一开链机构，它被安装在直移机构的水平移动活塞 B 上，而直移机构的气缸又被安装在链传动机构的转动链轮 C 上，而链传动机构又被装载移动连杆机构的连杆上。使机械手的末端可实现上下往复移动，在水平面上的转动，水平移动，以及机构末端的抓取动作，以实现作业要求。若不考虑末端抓取机构，该机构有 3 个自由度，3 个输入构件分别是 3 个液缸。

图 4-92 是液压挖掘机，它有 3 套液压摆缸机构装载组合而成。第一套液压摆缸机构 1-2-3-4 以挖掘机的机身 1 为机架，输出构件是大转臂 4，该基本机构的运动可使大转臂 4 实现仰俯动作；第二套液压摆缸机构 4-4-6-7，装载在第一套机构的大转臂 4 上，该机构输出构件是小转臂 7，其运动导致小转臂实现伸缩、摇摆。第三套机构是由 7-8-9-10 组成

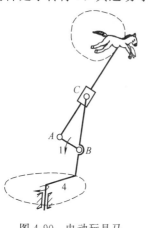

图 4-90　电动玩具马

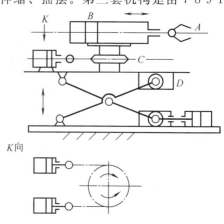

图 4-91　工业机械手

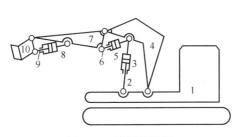

图 4-92　液压挖掘机

图 4-93　电风扇摇头机构

的液压摆缸机构，装载在第二套机构的小臂 7 上，最终使铲斗 10 完成复杂的挖掘动作。该机构也具有 3 个自由度，3 个输入构件分别是，液缸 3、4 和 5。

（2）双联式装载组合

图 4-93 是电风扇摇头机构。蜗杆机构装载在双摇杆机构的运动构件摇杆上，同时蜗杆机构中的蜗轮又与双摇杆机构中的连杆固连。当电动机带动电风扇转动时，通过蜗杆蜗轮机构又使双摇杆机构中装载蜗杆的连架杆摆动，实现了电风扇的摇头。由于两个基本机构中除装载构件共用外，还有两个构件并接，所以组合机构具有 1 个自由度，只需要以 1 个输入构件，机构运动就确定。

结论：机构的组合除以上 4 种方式外，还可以使以上 4 种组合的交互使用，例如两个基本机构经串联组合后再与第三个基本机构进行并联组合；封闭式组合后再与另一个基本机构进行串联式组合等。但是多次组合将会使机构的运动链加长，运动副增多，设计的难度加大，积累的误差也会增大，并且机械的效率也会降低。所以在进行机构组合创新时，应考虑这一问题。

4.3　机构再生设计与创新

为实现一定的功能要求而设计一个新机构是很困难的，但是在基于现有机构的基础上，开发一个超过现有机构，性能更好的机构还是有许多方法可遵循的。机构再生设计就是实现这样一个新机构的有效途径。

机构再生设计也称为运动链再生设计，其设计的基本思路是，首先确定一个原始机构，并分析该机构的结构组成以及功能约束；再将原始机构进行一般化处理，还原到基本运动链的形式；接着进一步将运动链进行结构系列化，即找出不同结构形式，相同构件数与运动副数的一组运动链；最后将系列化运动链进行有目标的选择，并将选定的运动链按其功能约束进行特定化处理，就可生成再生的新机构。以上过程可用图 4-94 进行描述。

4.3.1　一般化运动链

运动链是指若干构件由运动副连接而构成的运动系统。若将运动链系统中的各类运动副按照运动副等效原则转化为转动副，各种构件都转化为一般

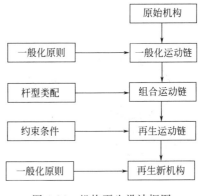

图 4-94　机构再生设计框图

化杆，则形成了一般化运动链。对一般化运动链进行各种结构类型的变换，既简单又方便。

（1）一般化原则

将原始机构的运动简图抽象化为一般化运动链要遵循以下的原则：

ⅰ．将非刚性构件转化为"刚性"构件；

ⅱ．将非杆形构件转化为一般化杆，即二副杆、三副杆、多副杆等；

ⅲ．将非转动副转化为转动副；

ⅳ．将复合铰转化为简单铰；

ⅴ．解除固定杆的约束，机构转化成为运动链；

ⅵ．运动链在转化过程中自由度保持不变。

常见机构一般化图例见表 4-1。

表 4-1　一般化图例

名　称	原始形式	一般化	说　明
弹簧			两构件之间的弹簧连接，用Ⅱ级杆组代替
滚动副			两构件之间纯滚动接触，形成滚动副，用转动副代替
移动副			两构件组成移动副，用转动副代替
平面高副			两构件组成平面高副，用一个杆与两个转动副代替
复合铰			复合铰转化为简单铰

（2）常见机构的一般化

① 含有平面高副的机构　图 4-95（a）所示为一凸轮连杆机构。进行一般化处理时，先将机构中的凸轮高副按照一般化原则进行代替，即用杆 5 与两个转动副 D 和 C 代替原

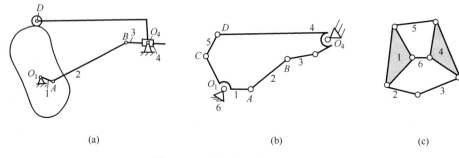

（a）　　　　　　　　（b）　　　　　　　　（c）

图 4-95　凸轮连杆机构的一般化

始的凸轮高副。再将3与4组成的移动副直接用转动代替，就生成了图4-95(b)所示的机构运动简图。然后解除固定杆的约束，并将杆的形状进行一般化处理，就生成了图4-95(c)的一般化运动链。

② 含有复合铰的机构 图4-96(a)所示为颚式破碎机的六杆摆动机构。其中 D 铰为复合铰，对复合铰进行一般化处理可能有三种情况，第一种是构件3为三副杆，第二种是构件4为三副杆，第三种是构件5为三副杆，它们对应的一般化运动链分别如图4-96(b)～(d)所示。

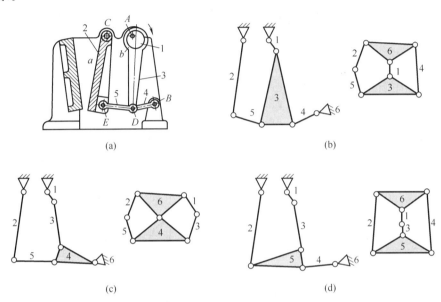

图4-96 含复合铰链机构的一般化

4.3.2 杆形类配

如图4-97(a)所示为牛头刨机构。其组成情况是，绕定轴 A 转动的曲柄1和滑块4组成转动副 B，4在导杆2的槽中滑动，导杆2绕固定轴 D 转动；导杆2上圆销 b 和滑块5组成转动副；滑块5在导杆3的槽 d 中滑动；3绕定轴 E 转动；导杆3和连杆7组成转动副 F；7和滑块6组成转动副 G，6沿固定导轨 f 滑动。将其一般化后如图4-97(b)所示，可以看出它是由1个四副杆，2个三副杆，5个二副杆组成，被称为八杆十副运动链。

图4-98(a)所示为缝纫机送布机构。其组成情况是，连杆3、4与曲柄1组成转动副 B 和 C，曲柄绕定轴 A 转动；连杆3、4与摇杆6、5组成转动副 D 和 E；摇杆5、6绕定轴 F 和 G 转动；构件2与摇杆5组成转动副 H，与构件7组成转动副 L；构件7与摇杆6组成转动副 K；曲柄1转动时，固结在构件2上的送布牙完成抓布和送布的复杂运动。将其一般化后如图4-98(b)所示，可以看出它是由4个三副杆，4个二副杆组成，也称为八杆十副运动链。

以上两个机构虽然同样为八杆十副运动链形成的机构，但它们的结构组成却有很大的差别，主要体现在组成的杆型不同，以及各种杆型的组合方式也不同。为了将所有杆数、副数相同，但结构组成不同的运动链全部求出，就要遵照一定的规律或方法，下面要介绍的就是这种方法。

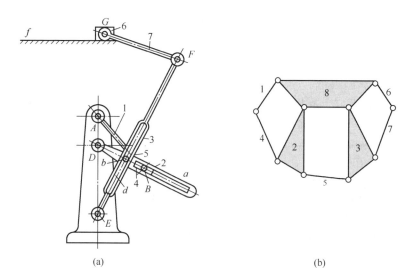

图 4-97　牛头刨机构及其一般化运动链

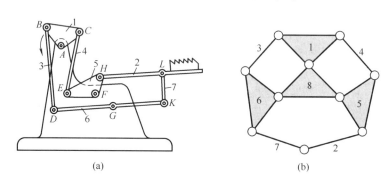

图 4-98　缝纫机送布机构及其一般化运动链

（1）杆型

杆型是根据运动链中的各个杆所具有的运动副数目而定义的。具有 2 个运动副的杆称为二副杆，具有 3 个运动副的杆称为三副杆，依此类推，具有 n 个运动副的杆称为 n 副杆。它们一般的表示方法如图 4-99 所示。

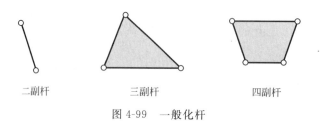

二副杆　　　　　三副杆　　　　　四副杆

图 4-99　一般化杆

（2）杆型类配

在运动链中，各种杆型的数目和运动副数目（以下简称副数）应满足下式：

$$n_2 + n_3 + n_4 + \cdots + n_n = N \tag{4-1}$$

$$2n_2 + 3n_3 + 4n_4 + \cdots + mn_n = 2P \tag{4-2}$$

式中　　n_2、n_3、n_4、n_n——分别表示二副杆、三副杆、四副杆、n 副杆的数目；

　　　　N——运动链中杆的总数目；

　　　　P——运动链中副的总数目。

机械创新设计

由式(4-2) 减去 2 倍的式(4-1) 得:

$$n_3+2n_4+\cdots+(n-2)n_n=2(P-N) \tag{4-3}$$

若已知运动链中的杆数与副数，则多副杆的数目及其组合关系就很容易判断。一旦多副杆的杆型及其数目确定后，二副杆数则为:

$$n_2=N-n_3-n_4-\cdots-n_n \tag{4-4}$$

另外，在杆型类配时还要注意避免机构结构退化问题，即六杆机构退化为四杆机构或五杆机构，或八杆机构退化为六杆机构等。因此在杆型类配以及运动链组合时就需要考虑运动链的内环路的结构组成问题。所谓环路就是指由杆与副所包围的环状道路。如图 4-100 所示，在六杆七副的运动链中，a-b-c-d 为一个内环路；b-c-e-f-g 为另一个内环路，a-d-e-f-g 为外环路。在运动链中，内环路的数目为:

$$L=P-N+1 \tag{4-5}$$

式中，P、N 的含义同前。

为避免结构退化，运动链中的每个内环路至少包含 4 个运动副。这样就约束了运动链中不同杆型的组合方式，也限制了运动链中含副数最多的杆型，即

$$n_{\max}=n_{L+1} \tag{4-6}$$

式中，L 为内环数目。从图 4-100 中可知:

$$L=7-6+1=2$$

$$n_{\max}=n_{2+1}=n_3$$

即含副数最多的为三副杆。

从图 4-97(b) 中可知:

$$L=10-8+1=3$$

$$n_{\max}=n_{3+1}=n_4$$

即含副数最多的为四副杆。

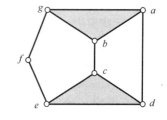

图 4-100　六杆七副运动链

具有以上的概念，就可以进行杆型类配。例如对于八杆十副运动链，已经求得 $n_{\max}=n_4$，再按式(4-3)、式(4-4) 进行杆型类配，结果见表 4-2。

表 4-2　八杆十副运动链的杆型类配方案

类配方案	n_2	n_3	n_4
Ⅰ	4	4	0
Ⅱ	5	2	1
Ⅲ	6	0	2

4.3.3　运动链组合

在杆型类配方案确定之后，怎样把各种杆型连接起来组合成各种结构类型的运动链，就是运动链的组合问题。若以运动链的形式进行组合将会很不方便，例如，一个二副杆具有两个外接副，其中一个副可以连接一个二副杆，另一个副可以连接多副杆；也可以两个外接副都连接二副杆，或两个外接副都连接多副杆。若如此组合将极不方便，也不可靠。为使运动链组合方便、可靠，本节将利用拓扑图的概念来说明机构再生的途径。

（1）图的概念

表示运动链的图应与运动链具有一一对应的关系，这种关系是，图中的点表示运动链中的杆，图中的线表示运动链中的副。若点与两条线关联，则为二度点，二度点就是运动链中的二副杆；若点与三条线关联，则为三度点，也就是运动链中的三副杆。以此类推，

四度点就为运动链中的四副杆，等等。

例如图 4-100 所示的六杆七副运动链若用图来表示，就是图 4-101 所示的六杆七副图。

图 4-97（b）所示的八杆十副运动链若用图来表示，就是图 4-102 所示的八杆十副图。

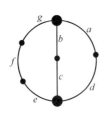

图 4-101　六杆七副图

图 4-102　八杆十副图

在图 4-102 中，数字 8 的点与 4 条线关联，是四度点，代表运动链中的四副杆；数字 2 与 3 的点分别与 3 条线关联，是三度点，代表运动链中的三副杆；其余的点则均为二度点，代表运动链中的二副杆。

图 4-101 与图 4-102 的图可定义为相应运动链的全图。

（2）图的组合

当已知图中点的类型及数目对图进行组合时，应首先构造缩图。缩图可以理解为只含有多度点的图，因点的数目较少，构造过程较为简单。在缩图的基础上再构造全图。

例如对六杆七副运动链，因为 $N=6$，$P=7$，由式（4-5）可求得 $L=2$；由式（4-6）可求得 $n_{max}=n_3$；按式（4-3）、式（4-4）进行杆型类配，则只有一种方案，即 $n_3=2$，$n_2=4$。绘制的缩图可见图 4-103（a）。在缩图的基础上再构造全图，构造全图时需要注意，每个内环路要确保至少有 4 个点。对于六杆七副运动链只有两种结构，见图 4-103（b）和（c）。

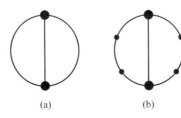

图 4-103　六杆七副图的构造

对于八杆十副运动链的构图，可按表 4-2 的方案进行。对于方案 Ⅰ 的缩图见图 4-104（a）Ⅱ型缩图和图 4-104（b）Y 型缩图，方案 Ⅱ 的缩图见图 4-104（c）V 型缩图，方案 Ⅲ 的缩图见图 4-104（d）O 型缩图。

在保证每个内环路至少有 4 个点的条件下进行全图的构造，其中 Ⅱ 型缩图的全图见图

(a)Ⅱ型缩图　　(b)Y型缩图　　(c)V型缩图　　(d)O型缩图

图 4-104　八杆十副缩图的构造

4-105，共有 3 种结构；Y 型缩图的全图见图 4-106，共有 6 种结构；V 型缩图的全图见图
4-107，共有 5 种结构；O 型缩图的全图见图 4-108，共有 2 种结构。这样可以获得 16 种
八杆十副的结构类型图。

（3）运动链的组合

在图的组合基础上，按照图与运动链之间的对应关系。可以直接转换成相对应的运动
链结构简图。

图 4-109 是两种结构的六杆七副运动链，其中图 4-109(a) 是瓦特型运动链；图 4-109
（b）是司蒂芬森型运动链。图 4-110 是 16 种结构的八杆十副运动链。

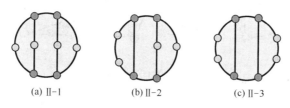

(a) Ⅱ-1　　　　　(b)Ⅱ-2　　　　　(c) Ⅱ-3

图 4-105　Ⅱ型缩图的全图

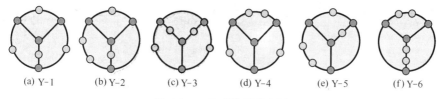

(a) Y-1　　(b) Y-2　　(c) Y-3　　(d) Y-4　　(e) Y-5　　(f) Y-6

图 4-106　Y 型缩图的全图

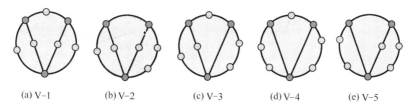

(a)V-1　　(b)V-2　　(c)V-3　　(d)V-4　　(e)V-5

图 4-107　V 型缩图的全图

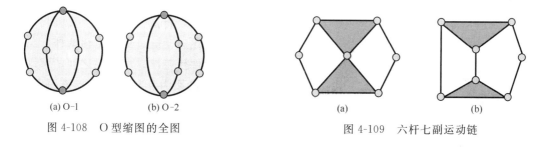

(a)O-1　　　　(b)O-2

图 4-108　O 型缩图的全图

(a)　　　　　　　　(b)

图 4-109　六杆七副运动链

4.3.4　机构再生设计实例——飞机起落架的再生设计

（1）原始机构

现以某种飞机起落架作为原始机构，其机构运动简图如图 4-111 所示。图中实线位置
为落地位置，虚线位置是收起位置。其中构件 2 绕飞机机架上的固定轴 A 转动，带有轮
子 a 的构件 1 与构件 2 和 3 分别组成转动副 B 和 C。构件 3 绕飞机机架上的固定轴 D 转
动，提升缸 4 中的活塞杆 5 与构件 2 组成转动副 E，气缸 4 绕飞机机架上的固定轴 F 转

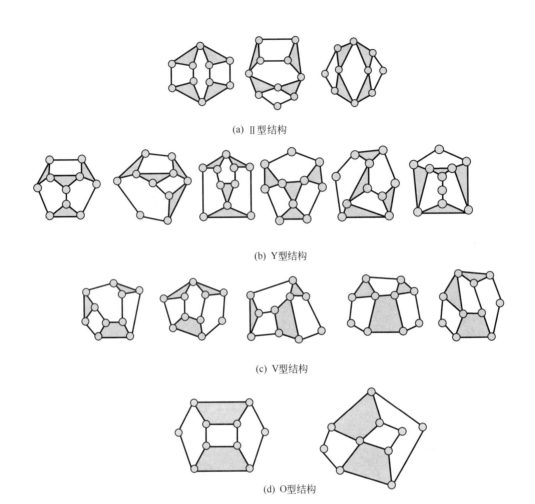

(a) Ⅱ型结构

(b) Y型结构

(c) V型结构

(d) O型结构

图 4-110　八杆十副运动链

动。当活塞杆 5 在提升缸 4 中运动时，构件 1、2 和 3 如图示箭头方向转动，使机构处于虚线位置，以保证将飞机起落架收起。

（2）一般化运动链

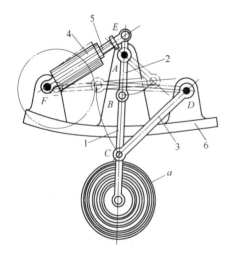

图 4-111　飞机起落架机构

按照一般化原则，将图 4-111 所示飞机起落架机构抽象化为一般化运动链。首先将活塞杆 5 与提升缸 4 均以杆状构件代替，并将它们之间的移动副转化为转动副；设机架为 6 杆，并释放该固定杆；去掉轮 a。由此可得一般化运动链，如图 4-112 所示。

（3）确定设计约束

按照飞机起落架的功能要求，可以确定出下列 5 条设计约束，作为再生机构的依据。

杆的总数目与运动副的总数目保持不变，即 $N=6$，$P=7$；

必须有一个固定杆，即机架，用 Gr 表示；

必须有一个提升缸，用 g 表示，并且 g 必须为二副杆；

必须有一个活塞杆，用 s 表示，s 也必须为二副杆，同时还应为浮动杆，并且与 g 组成移动副；

必须有一个带有轮 a 的构件，该构件用符号 a 表示，并且 a 构件不能与 g 构件直接成副。

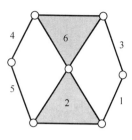

图 4-112　飞机起落架的一般化运动链

（4）组合运动链

按照 4.3.2 的内容进行运动链的组合，可获得如图 4-109 所示的两种结构的运动链。

（5）再生运动链

按照前文所确定的设计约束进行运动链的再生设计，其步骤为以下几步。

① 确定机架　其中瓦特型运动链有两种结构形式；司蒂芬森型运动链有三种结构形式，如图 4-113 所示。

② 确定提升缸 g 与活塞杆 s　其中瓦特型运动链有三种结构形式；司蒂芬森型运动链有两种结构形式，如图 4-114 所示。

③ 确定起落架轮子所在的杆 a　其中瓦特型运动链有七种结构形式；司蒂芬森型运动链有五种结构形式，如图 4-115 所示。

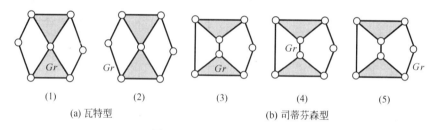

（1)　　　(2)　　　(3)　　　(4)　　　(5)

(a) 瓦特型　　　　　　　　(b) 司蒂芬森型

图 4-113　再生运动链 （1）

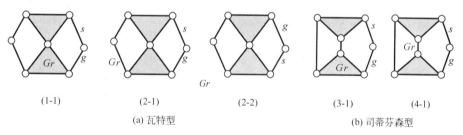

(1-1)　　　(2-1)　　　(2-2)　　　(3-1)　　　(4-1)

(a) 瓦特型　　　　　　　　(b) 司蒂芬森型

图 4-114　再生运动链 （2）

其中图 4-113 的 （5）图因不满足 s-g 杆的要求而被淘汰。其中图 4-115 中的 （4-1-3）图因不满足杆 a 与杆 g 不能直接成副的要求而被淘汰。

（6）再生机构

对应图 4-115 的再生运动链相应编号的部分机构运动简图见图 4-116。

4.3.5　机构再生设计实例——缝纫机送布机构的再生设计

缝纫机送布机构类型较多，执行构件运动轨迹要求比较特殊，为了实现准确的功能目标，一般常采用机械装置。

（1）原始机构

现以某种缝纫机的送布机构作为原始机构，其机构运动简图如图 4-117 所示。

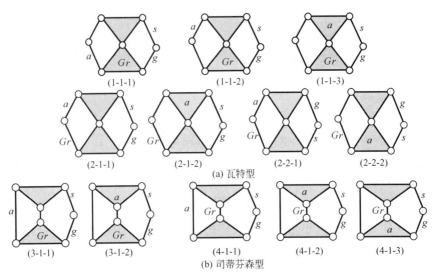

(1-1-1)   (1-1-2)   (1-1-3)

(2-1-1)   (2-1-2)   (2-2-1)   (2-2-2)

(a) 瓦特型

(3-1-1)   (3-1-2)   (4-1-1)   (4-1-2)   (4-1-3)

(b) 司蒂芬森型

图 4-115　再生运动链（3）

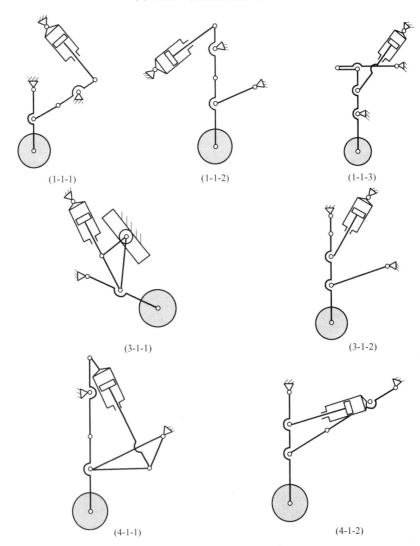

(1-1-1)   (1-1-2)   (1-1-3)

(3-1-1)   (3-1-2)

(4-1-1)   (4-1-2)

图 4-116　再生飞机起落架机构

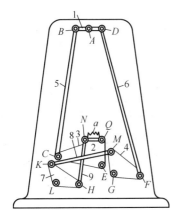

图 4-117　缝纫机送布机构

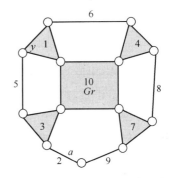

图 4-118　送布机构的一般化运动链

该机构的组成情况为，连杆 5、6 与曲柄 1 组成转动副 B 和 D，曲柄 1 绕定轴 A 转动，连杆 5、6 与摇杆 3、4 组成转动副 C 和 F，摇杆 3、4 绕定轴 E 和 G 转动；连杆 8 和摇杆 4、7 组成转动副 M 和 K，摇杆 7 绕定轴 L 转动；连杆 9 与摇杆 7 和执行构件 2 组成转动副 H 和 N；执行构件 2 和摇杆 3 组成转动副 Q。当曲柄 1 转动时，固结在执行构件 2 上的送布牙 a 完成复杂运动，以保证抓住并送进布料。

（2）一般化运动链

按照一般化原则，将该缝纫机送布机构抽象化为一般化运动链，见图 4-118。可以看出，这是一个十杆十三副运动链，即 $N=10$，$P=13$。运动链中有 1 个四副杆，4 个三副杆，5 个二副杆。其中机架为四副杆，原动件为三副杆，执行构件为二副杆。

（3）确定设计约束

① 确定机架　机架应采用多副杆，而且应处于内环路位置上，这样可使机构运动具有良好的稳定性，设机架用符号 Gr 表示；

② 确定原动件　原动件必须是连架杆，能做整周转动，并且原动件应为三副杆，其中一副与机架连接，另外两副可确保分两个路线传递运动，以实现由简单运动转换为复杂运动，设原动件用符号 y 表示；

③ 确定执行构件　执行构件即为送布牙，因要求其运动轨迹复杂，所以执行构件必须是浮动杆，并且是从原动件出发的两条传动路线的连接构件，不要与原动件直接成副，应设置在外环路位置上，传动路线长，可以充分利用每个构件运动规律的影响，设执行构件用符号 a 表示。

（4）组合运动链

首先确定运动链的内环路数目，即 $L=P-N+1=4$。

再确定运动链中的含副数最多的杆型 $n_{max}=n_L+1=n_5$，即含副数最多的杆型为五副杆。然后进行杆型类配，根据式（4-3）可计算出多副杆的杆型类配关系式，即

$$n_3+2n_4+3n_5=2(P-N)=6$$

将多副杆类配好后，就可根据式（4-4）确定各种方案中二副杆的数目。其杆型类配方案见表 4-3。

关于十杆十三副运动链的结构类型达 230 种，组合工作是很繁重的，一般是用矩阵表达拓扑图的特征，利用计算机进行组合。在这里仅就方案Ⅱ徒手组合出两种再生运动链，并利用这两种运动链再生新机构。

根据图 4-118 的运动链简图，可以绘出相对应的拓扑全图，见图 4-119(a)。将全图中

表 4-3　十杆十三副运动链杆型类配方案

杆型 \ 方案	I	II	III	IV	V	VI	VII
n_2	4	5	6	6	7	7	8
n_3	6	4	3	2	1	0	0
n_4	0	1	0	2	1	3	0
n_5	0	0	1	0	1	0	2

的二度点去掉就可得到缩图，见图 4-119(b)。在此缩图的基础上，可以根据二度点的数目，以及每个内环路的点数至少为 4 个的条件组合出一个新的全图，见图 4-120(a)。接着可将全图再转换成运动链简图，并将该运动链用代号 No.1 表示，见图 4-120(b)。

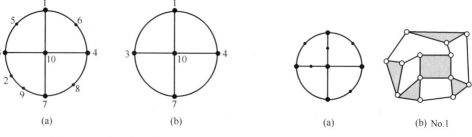

图 4-119　十杆十三副图　　　　　　图 4-120　十杆十三副图及其运动链

　　另外还可以再构造一个第二方案的缩图，将四副杆放置在外环路上，即如图 4-121(a)所示。再由缩图组合一个全图，如图 4-121(b) 所示。并绘出相对应的运动链简图，将该运动链用代号 No.2 表示，如图 4-121(c) 所示。

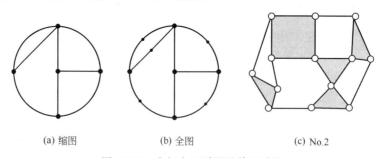

(a) 缩图　　　　　　(b) 全图　　　　　　(c) No.2

图 4-121　十杆十三副图及其运动链

（5）再生运动链

按照前文所确定的设计约束再生运动链，设计步骤为以下几步。

① 确定机架　对 No.1 运动链，仍以四副杆为机架；对 No.2 运动链，以三副杆为机架，机架最好为处于内环路位置上，代号 Gr。

② 确定原动件　两种运动链均以三副杆为原动件，并且原动件直接铰接于机架上，代号 y。对于 No.1 运动链，有两种结构形式，分别用 No.1-1 和 No.1-2 表示；对于 No.2 运动链，也有两种结构形式，分别用 No.2-1 和 No.2-2 表示。

③ 确定执行构件　必须为浮动杆，可以是二副杆，也可以是三副杆，但不要与原动件直接成副，代号 a。对于 No.1-1 运动链有三种结构形式分别用 No.1-1-1，No.1-1-2，No.1-1-3 表示；对于 No.1-2 运动链有三种结构形式分别用 No.1-2-1，No.1-2-2，No.1-2-3 表示；对于 No.2-1 运动链有三种结构形式分别用 No.2-1-1，No.2-1-2，No.2-1-3 表示；对于 No.2-2 运动链有三种结构形式分别用 No.2-2-1，No.2-2-2，No.2-2-3 表示。总

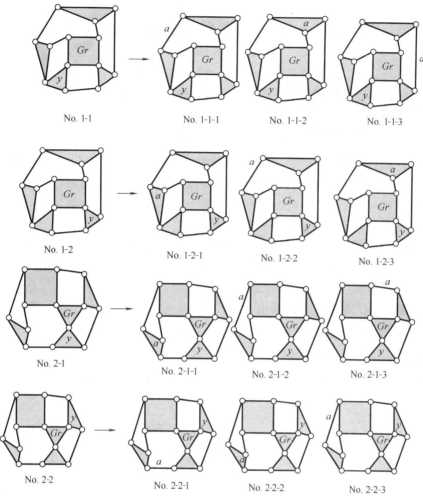

图 4-122　再生运动链简图

计有 12 种结构类型，见图 4-122。

（6）再生缝纫机送布机构

从 12 种运动链中选出两种结构类型生成缝纫机新型的送布机构，它们是 No.1-2-3 和 No.2-2-2 两种结构类型。所组合的再生机构见图 4-123。

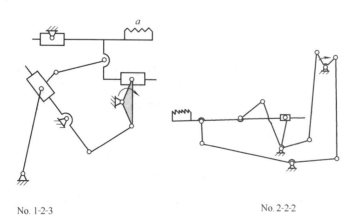

No. 1-2-3　　　　　　　　　　　　　　No. 2-2-2

图 4-123　再生缝纫机送布机构运动简图

4.4 广义机构的应用

随着声、光、电、磁等各学科技术的快速发展及交叉应用，人们提出了广义机构的概念，广义机构包括液压机构、气动机构、光电机构、电磁机构等。在掌握广义机构的特点的基础上，对其合理应用能够简化机械机构，使机械系统更加可靠，因此广义机构的应用已经成为机构创新设计非常有效的方法。下面分析一些广义机构的应用实例。

4.4.1 弹簧蠕行管道机器人

由 N 个弹簧和 N＋1 个电磁定位器首尾连接而成，如图 4-124 所示。对于压缩弹簧，首先通过外部控制器使第 1 个电磁定位器 C 线圈通电，使其吸附到管道内表面，同时使第 1 个和第 N＋1 个电磁定位器相应的线圈通电，使第 2 个至第 N＋1 个电磁定位器受第一个吸力压缩弹簧向前运动，弹簧储存势能。平衡时 N＋1 个通电，吸住管道，其它断电，这时弹

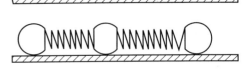

图 4-124 弹簧蠕行管道机器人

簧势能释放，推动前进。此机构将电磁特性与弹簧的储能特性相结合，实现前进动作。

4.4.2 滚动杠杆的杠杆棘轮机构

利用电磁铁 1 吸引杆 2，杆 2 在机架 a 上滚动，带动棘爪 b 使棘条 3 移动一个齿。当断开电磁铁时，弹簧 4 使棘条 3 返回初始位置，如图 4-125 所示。

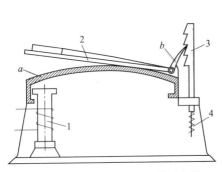

图 4-125 滚动杠杆的杠杆棘轮机构

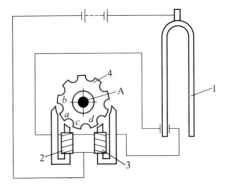

图 4-126 声音轮机构

4.4.3 声音轮机构

如图 4-126 所示的音叉 1 振动时，它轮流接通电磁铁 2 和 3。当 2 激励时，它的两极把轮 4 的突出部 a、b 吸引过来，使轮 4 转动一个角度；此时 3 接通，则它的两极吸引突出部 c、d，轮 4 继续转动。该机构利用声音振动与电磁结合输出转动。

4.4.4 厚度电测仪的杠杆机构

图 4-127 所示为厚度电测仪的杠杆机构，杠杆 2、3 绕公共固定轴线 A 自由转动，杆 3 上有触头 b。需要测量厚度的材料 1 从装在杠杆 2、3 上的两滚子 a 中间拉过，当厚度大于或小于规定值时，触点 b 中的一个接通，发出不同信号。该机构利用杠杆 2、3 的形状及触点信号，简单巧妙地解决了问题。

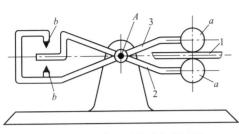

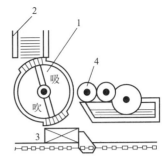

图 4-127 厚度电测仪的杠杆机构　　　　图 4-128 气动商标自动粘贴机构

4.4.5 气动商标自动粘贴机构

图 4-128 所示为气动商标自动粘贴机构，气泵 1 具有吸气和吹气的两种功能，吸气口朝向放置商标的盒 2 的下方，吹气口朝向需要贴商标的方形盒 3。顺时针转动气泵 1，吸气口吸取一张商标纸，转动到黏胶辊子 4 时，滚上胶水，转动到方形盒 3 上时，吹气口打开将商标纸压向 3。该机构利用吹吸气泵实现了复杂的工艺要求，简化了机构。

习题

4-1　请列举在实际应用中结构不同但功能等效的变异产品实例。

4-2　请列举在实际应用中功能不同但结构相似的变异产品实例。

4-3　请至少写出 5 种螺旋机构的功能及变异功能，以及可以再开发的新功能。

4-4　画出图 4-129 所示变异机构的原始机构。

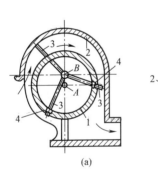 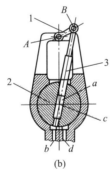 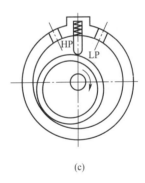

(a)　　　　　　　　(b)　　　　　　　　(c)

图 4-129　题 4-4 附图

4-5　运用瞬心线构造等效机构的原理，构造图 4-130 所示等腰梯形的双摇杆机构的等效机构。

4-6　在图 4-131 所示分度机构中，1 构件为主动件，作往复移动；2 构件为从动件，实现分度转动。请说明这两种机构是由什么机构采用何种变异方法演化而来。并简述其工作原理。

4-7　在图 4-132 所示Ⅲ级牛头刨床机构中，1 构件是主动构件，采用何种机构倒置原理可以转化为Ⅱ级机构，并绘出Ⅱ级机构的杆组拆分图。

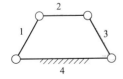　　　　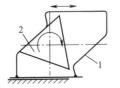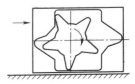

图 4-130　题 4-5 附图　　　　　　　图 4-131　题 4-6 附图

4 机构的创新设计

99

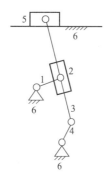

图 4-132　题 4-7 附图

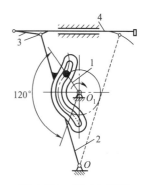

图 4-133　题 4-8 附图

4-8　试说明图 4-133 所示机构的变异过程。

4-9　利用串联组合法构造一个组合机构，使输出构件实现 360°的摆动。

4-10　利用并联组合法构造一个组合机构，使输出构件实现剪刀剪切运动的功能。

4-11　利用封闭式组合的方法将连杆机构、齿轮机构进行组合，使输出构件能够实现具有停歇运动规律。

4-12　说明图 4-134 所示机构是按照何种形式进行组合的，组合的目的是什么，并将其分解成基本机构。

4-13　图 4-135 所示六杆机构的各杆尺寸为：$AB=1$，$BC=CE=9$，试分析该机构是按照何种形式进行组合的，组合的目的是什么，并将其分解成基本机构。

4-14　图 4-136 所示机构的工作原理是，蜗杆 1 与轴 3 之间用导向键连接，当轴 3 绕固定轴线 A 转动时，使与其啮合的蜗轮 2 绕固定轴 B 转动。另外，圆柱凸轮 7 绕其固定轴线转动，通过滚子 6 使从动件 4 绕固定轴 D 摆动，然后通过连杆使滑块 5 及蜗杆 1 沿轴 3 移动，带动蜗轮附加转动。请分析该机构的组合原理，以及组合目的，并将其分解成基本机构。

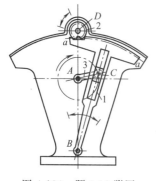

图 4-134　题 4-12 附图

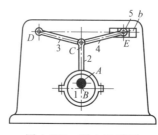

图 4-135　题 4-13 附图

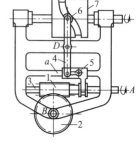

图 4-136　题 4-14 附图

4-15　以铰链五杆机构为基础机构，三构件齿轮机构为附加机构，运用封闭式组合原理，组合两个连杆齿轮机构。

4-16　以差动凸轮机构为基础机构，四连杆机构为附加机构，运用封闭式组合原理，组合两个凸轮连杆机构。

4-17　牛头刨床急回机构如图 4-137 所示，请运用机构再生创新的方法，构造一种新型的牛头刨床急回机构。

4-18　请画出图 4-138 所示的缝纫机送布机构的一般化运动链图及相应的拓扑图。

4-19　图 4-139 所示为缝纫机上应用的送料机构，其中 M 为送料牙，连架杆 2 的摆动可控制抬牙量，称为抬牙杆；连架杆 4 的摆动可控制针距，称为送料杆。请运用运动链再生的创新技法创造一个新机构。即包括：分析图示原始机构的结构组成特点；绘制一般化运动链；绘制一般化运动链图谱（2个）；将其中之一转化为再生创新机构。

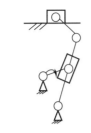

图 4-137　题 4-17 附图

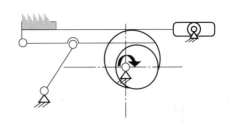

图 4-138　题 4-18 附图

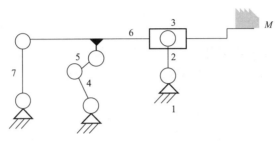

图 4-139　题 4-19 附图

4-20　图 4-140 所示包装机机构是一个八杆机构，其工作原理是，当主动曲柄 3 由图示虚线位置逆时针转到实线位置时，滑块 1 由虚线位置向右移动到实线位置；与此同时，通过连杆 2、4，摆杆 5 和连杆 7 使滑块 8 左移。两个滑块反向移动，实现对物料 9 的包装。请运用运动链再生的创新技法创造一个新机构。即包括：分析图示原始机构的结构组成特点；绘制一般化运动链；绘制一般化运动链图谱（2 个）；将其中之一转化为再生创新机构。

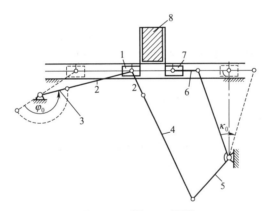

图 4-140　题 4-20 附图

4-21　图 4-141 所示为越野摩托车的后轮悬挂装置及其机构运动简图，运用机构再生创新方法，构造两个结构不同的摩托车的后轮悬挂装置。

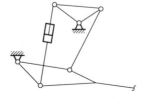

图 4-141　题 4-21 图

5 机械结构设计与创新

结构设计是将机构和构件具体化为某个零件或某个部件的形状、尺寸、连接方式、顺序、数量等具体结构方案的过程，将原理方案设计具体化，以满足产品的功能要求。在这些具体化的过程中要考虑材料的力学性能、零部件的功能、工作条件、加工工艺、装配、使用、成本、安全、环保等各种因素的影响。结构设计具有多解性特征，满足某一设计要求的机械结构不是唯一的，关键是要在众多可用结构方案中找到最好的或比较好的。结构设计不是简单重复的操作性工作，而是创造性工作。工程知识是从事结构设计工作的前提，巧妙构型与组合是结构创造性设计的核心。

5.1 实现零件功能的结构设计与创新

零件在机械中各自承担一定的功能，结构设计时需要根据每种零件的功能构造它们的形状，确定它们的位置、数量、连接方式等结构要素。在结构设计过程中，设计者应该首先掌握各种零件实现其功能的工作原理，提高其工作性能的方法与措施，还要具备善于联想、类比、组合、分解及移植等创新技法，这样才能更好地实现零件应具备的功能要求。可以看出实现零件功能结构设计的创新具有很重要的作用与影响。

5.1.1 功能分解

每个零件的每个部位各承担着不同的功能，具有不同的工作原理。若将零件功能分解、细化，则会有利于提高其工作性能，有利于开发新功能，也使零件整体功能更趋于完善。

（1）螺钉

例如，螺钉是一种最常用的连接零件，其主要功能是连接。连接可靠，防止松动，提高连接寿命，抵抗破坏能力是设计的主要目标。若将各部分功能进行分解，则更容易实现整体功能目标。螺钉功能可分解为螺钉头、螺钉体、螺钉尾三个部分。螺钉头又可分为扳拧功能与支承功能；螺钉体又可分为定位功能与连接功能；螺钉尾则为导向与保护功能。

螺钉头的扳拧功能应与扳拧工具、操作环境相结合进行结构设计与创新。目前已有的螺顶头的结构有外六角、内六角、内六角花形、方形、一字槽、十字槽、碟形、滚花、沉头、圆头、平头等，如图 5-1 所示的部分结构。为提高装配效率，简化扳拧工具，还推出了一种内六角花形、外六角与十字槽组合式的螺钉头，使其功能得到扩展，见图 5-2。

螺钉头的支承功能是由与被连接件接触部分的螺钉头部端面实现的，这个端面称作结合面。对于不同材料的被连接件和不同强度要求的连接，结合面的形状、尺寸也不同。图

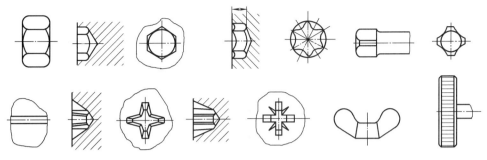

图 5-1 螺钉头的扳拧结构

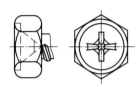

图 5-2 组合式螺钉头

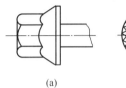
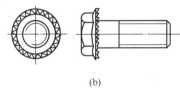

(a)　　　　　　(b)

图 5-3 法兰面螺钉头

5-3(a) 是一种法兰面螺钉头结构，它不仅实现了支承功能，还可以提高连接强度，防止松动。若进一步扩大结合面的功能，将结合面制成齿纹，则防松功能将会增倍，被称作为三合一螺钉，见图 5-3(b)。

　　螺钉体的定位功能是由非螺牙部分的光轴实现的。如铰制孔用螺纹的光轴部分，不仅有形状、尺寸要求，还有公差要求。螺牙部分的功能是连接，是螺钉的核心结构，其工作原理是靠摩擦力实现连接的。连接可靠，就希望摩擦力增大，当量摩擦系数最大的剖面形状是三角形，因此连接螺纹采用的是三角螺纹。考虑到连接强度与自锁功能，螺纹的导程角要大小合适，可分为粗牙螺纹与细牙螺纹，粗牙螺纹一般用于连接，细牙则用于有密封要求的螺塞或管道的连接等。无螺纹部分也有制成细杆的，被称为柔性螺杆，常用于受冲击载荷。在冲击载荷作用下连接用的螺栓将会降低疲劳寿命，如发动机中连杆的连接螺栓。为提高其疲劳寿命，可采用降低螺杆刚度的方法进行构型，例如，采用大柔度螺杆或空心螺杆，如图 5-4 所示。

　　螺钉尾的功能主要是导向，为方便安装一般应具有倒角。进一步扩大螺钉尾部功能，可设计成自钻自攻的尾部结构，如图 5-5 所示。常用于建筑业，汽车制造业的多层板或大型面板的连接。简化了加工、装配过程，具有良好的经济效益。

　　另外为保护螺纹尾端不受碰伤与紧定可靠，其螺钉尾部形状有平端、锥端、短圆柱端、球面端等多种结构形状。

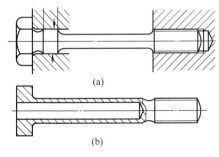

(a)

(b)

图 5-4 大柔度螺杆

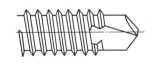

图 5-5 自钻自攻螺钉尾部结构

（2）普通钉子

普通的钉子是用来钉进木料或水泥，起连接作用的。它由钉头、钉杆、钉尖三部分组成，钉头作用是被敲击，容易敲击、方便夹持是其主要功能；钉杆的作用主要是连接，连接可靠、不松动是所希望实现的功能；钉尖的作用是穿入、挤进木料，不使木料开裂、容易钉入是要求实现的功能。

图 5-6 描述了钉子各部分的结构变异，使各部分的功能得到更充分的发挥。其中图（a）的钉头是平头，平头有助于夹持，也容易敲击；钉杆是环纹形状，与平滑表面相比，由于其凹凸形状与木料之间形成了啮合，所以连接可靠，不易松脱；钉尖是锐利形，容易楔进木料，但使木料形成裂缝的可能性也最大。图（b）的顶头是抛光柱形，它可以在钉入后继续凹陷进入木料，并被覆盖，以增加美观；钉杆是倒刺环纹形状，使连接更可靠；其钉尖是钝头形，这种结构形状在钉入时会击碎木质纤维，从而减小了木料开裂的可能性。图（c）的钉头是沉头，其作用同柱形；其钉杆为螺纹形，起作用也同前；其钉尖为鸭嘴形，这种形状既容易楔进木料，又减小了木料开裂机会。图（d）的钉头是双头结构，既有利于敲击又加强了连接作用，一般用于脚手架的固定。

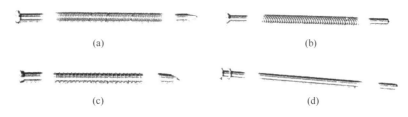

(a)   (b)

(c)   (d)

图 5-6　钉子各部分结构

（3）渐开线齿轮

渐开线齿轮也是应用最多的一种传动零件，它可用作减速、增速或变速。将其功能分解，可划分为轮齿部分的传动功能，轮体部分的支承功能，轮毂部分的连接功能。

轮齿的传动功能要求传动可靠、平稳、承载能力强，则结构设计重点在齿形的变化。影响齿形的因素是齿轮的参数，包括模数、齿数、压力角等。为避免因制造、安装造成的冲击、振动，可对齿顶进行修缘，增大齿顶部分渐开线的压力角，以实现平稳的传动功能。为提高承载能力，避免齿面的各种破坏以及轮齿的断裂，可采用变位齿形，或增大齿根圆角半径。

轮体的支承功能要求具有一定的刚度，但又要降低质量，以免增大其转动惯量，消耗机械能。以此其结构形状根据其尺寸的大小分为实心式、辐板式、孔板式、轮辐式等，一般是对称结构。但在特殊场合下，当轴和轴承的刚度较差，由于轴和轴承的变形使齿轮沿齿宽不均匀接触造成偏载时，可以改变轮辐的位置和轮缘形状，使沿齿宽受力大处齿轮刚度小，受力小处齿轮刚度大，利用齿轮的不均匀变形补偿轴和轴承的不均匀变形，见图 5-7。

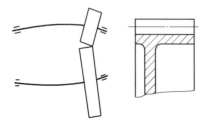

图 5-7　齿轮变形补偿轴的变形

当然这一方案的具体尺寸需要进行详细的计算。

轮毂主要是连接功能，应适应轴或轮毂连接件的形状。毂的轴向尺寸、径向尺寸都有严格的规定，以使齿轮在轴上定位可靠，安全连接。

关于零件结构功能的分解内容是很丰富的，例如轴的功能可分解为轴环与轴肩用于定位，轴身用于支承轴上零件，轴颈用于安装轴承，轴头用于安装联轴器；滚动轴承的功能可分解为内圈与轴颈连接，外圈与座孔连接，滚动体实现滚动功能，保持架实现分离滚动体功能。

为获得更完善的零件功能，在结构设计与创新中可尝试进行功能分解的方法，再通过联想，类比与移植等创新原理进行功能的扩展，或新功能的开发。

5.1.2 功能组合

功能组合是指一个零件可以实现多种功能，这样可以使整个机械系统更趋于简单化，简化制造过程，减少材料消耗，提高工作效率，是结构创新设计的一个重要途径。功能组合可以分为同种功能组合与不同功能组合。

（1）同种功能组合

将同一种功能或结构在一种产品上重复组合，以满足人们对这一类功能的更高的使用要求，这是一种常用的创新方法。如图 5-8 所示的自行车专用扳手，将不同螺母外廓尺寸的孔组合在同一扳手上，提高了应用范围，节省了材料。如图 5-9 所示的 V 带传动，就是将多个同样的 V 带结构组合在同一个带轮上，大大提高了传动能力。机械传动中使用的万向联轴节可以在两个不平行的轴之间传递运动与动力，但是万向联轴节的瞬时传动比是变化的，会产生附加动载荷，所以实际使用中通常是将两个同样的单万向联轴节按一定的方式连接，组成双万向联轴节（如图 5-10 所示），就可以使瞬时传动比恒定。图 5-11 所示的大尺寸螺钉预紧结构，实际上就是组合螺钉结构。由于大尺寸螺钉的拧紧比较困难，为此在大螺钉的头部设置了几个较小的螺钉。通过逐个拧紧小螺钉使大螺钉产生较大的预紧力，达到与拧紧大螺钉同样的效果。多孔电源插座、多汽缸内燃机、多级离心泵都是同类功能组合创新的应用。

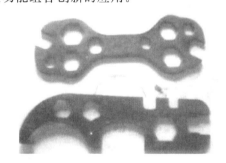

图 5-8　自行车专用扳手

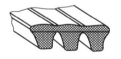

图 5-9　联组 V 带

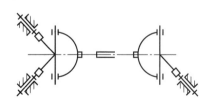

图 5-10　双万向联轴带

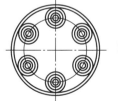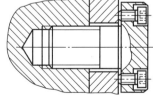

图 5-11　大尺寸螺钉预紧结构

（2）不同功能组合

不同功能组合一般是在零件原有功能的基础上增加新的功能，如前文已经提到的具有多种扳拧功能的螺钉头、自钻自攻的螺钉尾、三合一功能的组合螺钉等。另外这里还推出一种如图 5-12 所示的自攻自锁螺钉，该螺钉尾部具有弧形三角截面，可直接拧入金属材

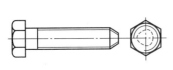

图 5-12　自攻自锁螺钉

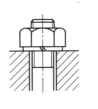

(a) 弹簧垫圈防松

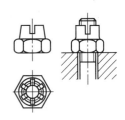

(b) 收口螺母防松

图 5-13　螺栓连接的防松结构

料的预制孔内，挤压形成内螺纹，它是一种具有低拧入力矩，高锁紧性能的螺钉。如图 5-13 所示的螺母的作用是与螺栓一起完成实现紧固和连接功能的。为了提高连接的可靠性，通常还必须采取防松措施，如图 5-13（a）中的弹簧垫圈。将防松的功能添加到螺母上，就得到了如图图 5-13（b）所示的收口螺母。在日常生活中也有很多功能组合的例子，如图 5-14 所示的就是多功能菜刀。

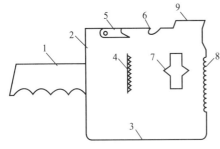

图 5-14　多功能菜刀

1—刀柄；2—刀身；3—刀刃；4—插片、插条、插粗

细丝板；5—铁盒罐头起子；6—玻璃瓶罐头起子；

7—瓶盖起子；8—刮鱼鳞刀；9—砍斧

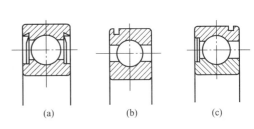

图 5-15　组合功能轴承

　　许多零件本身就具有多种功能，例如花键既具有静连接又具有动连接的功能；向心推力轴承既具有承受径向力又具有承受轴向力的功能。图 5-15 所示为三种深沟球轴承。图（a）是两面带有密封圈的深沟球轴承，密封圈能较严密防止污物从一面或两面进入轴承，而且在制造时已装入适量的润滑脂，在一定的工作时间内不用加油。图（b）是外圈带有止动槽的深沟球轴承，放入止动环后，可简化轴承在外壳孔的轴向固定，缩短了轴向尺寸。图（c）是外圈有止动槽，一个侧面带有防尘盖的深沟球轴承，这种结构不需要再设置轴向紧固装置及单侧密封装置，使支承结构更加简单、紧凑。

　　图 5-16 所示的是一种带轮与飞轮的组合功能零件，按带传动要求设计轮缘的带槽与直径，按飞轮转动惯量要求设计轮缘的宽度及其结构形状。

　　图 5-17 所示是在航空发动机中应用的将齿轮、轴承和轴集成的轴系结构。这种结构设计大大减轻了轴系的质量，并具有较高的可靠性。

　　关于手动操作工具的功能组合更具有实用价值，例如 2004 年全国首届大学生机械创设计大赛一等奖作品，多功能齿动平行口钳就是一件创新产品。它具有十多种功能，分别是缚丝、夹线、夹试管、剪板……

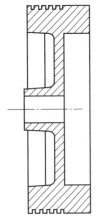

图 5-16　带轮与

飞轮组合功能

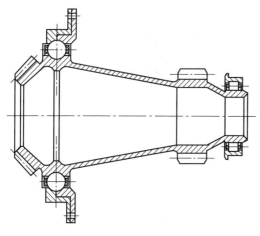

图 5-17　齿轮-轴-轴承的集成

图 5-18　多功能齿动平行口钳

如图 5-18 所示。

5.1.3　功能移植

功能移植是指相同的或相似的结构可实现完全不同的功能。这可以通过联想、类比、移植等创新技法获得新功能。例如齿轮啮合常用于传动，但也可将啮合功能移植到联轴器，产生齿式联轴器，同样的还有滚子链联轴器。

螺栓连接的摩擦防松除借助于螺旋副的预紧力增加而防松外，还常采用各种弹性垫圈，有波形弹性垫圈、齿形锁紧垫圈、锯齿锁紧垫圈，见图 5-19。它们的工作原理一方面是依靠垫圈被压平产生弹力，弹力的增大又使结合面的摩擦力增大而起到防松作用；另一方面也靠齿嵌入被连接件而产生阻力防松。

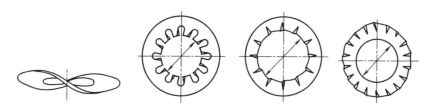

图 5-19　各类弹性垫圈

同样的功能原理可移植到轴毂连接就产生了星盘连接、容差环连接、压套连接等各种弹性连接，如图 5-20 所示。图（a）是星盘连接，星盘是由特种弹簧钢经淬火与回火制成的碟形盘，从盘的内边与外边交替地切出径向口，当通过轴向力使盘被压平时，由于弹性变形，星盘外经增大，内径缩小，从而使毂紧压在轴上，形成轴与毂的摩擦连接。

图 5-20（b）是容差环连接，容差环是使用优质弹簧钢带冲压成波形弹性环，再经淬火和回火而成。使用时，将容差环装入轴与毂之间，靠容差环的径向弹性变形产生径向压力，使得工作时产生摩擦力。

图 5-20（c）是压套连接，压套是具有交替内外凹槽的圈套，圈套由弹簧钢经淬火与回火制成。将压套装入轴与毂之间，施加轴向压力使套变形，则与轴和毂之间产生摩擦力传递转矩。

液压常用于动力传递，如液压泵、液压传动等。若将液压产生的动力用于变形就可以移植到连接功能上，也就产生了液压涨套连接。液压涨套是近几年来发展的一种新型轴毂

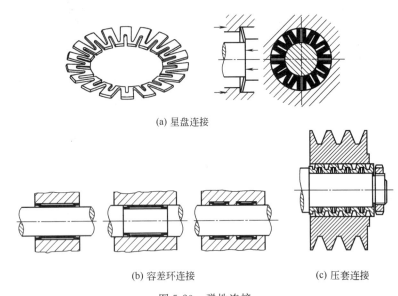

(a) 星盘连接

(b) 容差环连接   (c) 压套连接

图 5-20　弹性连接

连接零件，其工作原理是在涨套内制作多个环形内腔，各内腔有小孔相连，若腔中充满高压液体，则套主要产生径向膨胀，对轴与毂就会形成径向压力，工作时就靠摩擦力传递转矩，实现轴毂的可靠连接，见图 5-21。

螺纹常用于连接，如螺栓连接、螺柱连接；也用于传动，如车床的丝杠。但若利用内外螺纹的相对运动与啮合间隙，也可用于输送流体，例如螺旋泵。

最巧妙的功能移植是一种连接软管用的卡子。如图 5-22 所示，这是一种蜗杆蜗轮传动。用改锥拧动蜗杆头部的一字形槽，蜗杆转动，转动的蜗杆使得与其啮合的圆环状蜗轮卡圈走齿，致使软管被箍紧在与其相连接的刚性管子上。

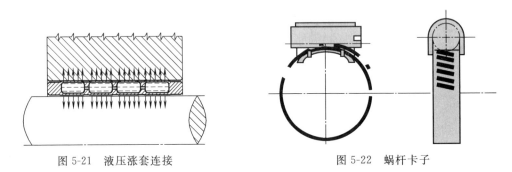

图 5-21　液压涨套连接　　　　　图 5-22　蜗杆卡子

5.2　结构元素的变异与演化

结构元素主要是指结构的形状、数量、位置、连接等要素。经过变异的结构元素可适应不同的工作要求，或比原有结构具有更良好而完善的功能。下面通过一些比较典型的结构元素变异实例说明结构元素变异的基本过程，以及应用价值。

5.2.1　轴毂连接的结构元素变异与演化

轴毂连接的主要结构形式是键连接。单键的结构形状有方形、半圆形，主要靠键的侧面工作。当传递的转矩不能满足载荷要求时需要增加键的数量，就变为双键连接。若进一步增加其工作能力就出现了花键，花键的形状又有矩形、梯形、三角形、渐开线形以及滚珠花键。将花键的形状继续变换，由明显的凸凹形状变换为不明显的，则就产生了无键连接，即成形轴连接，见图5-23。

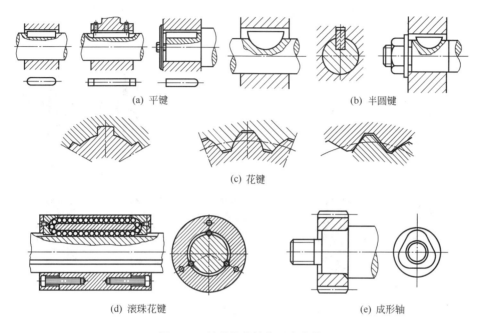

(a) 平键　　　　　　　　　　　　　　(b) 半圆键

(c) 花键

(d) 滚珠花键　　　　　　　　　　　(e) 成形轴

图 5-23　键联接的结构元素变换

靠摩擦力锁合的轴毂连接是靠楔紧而产生的摩擦力将轴与毂连接在一起。常采用楔键与切向键。但楔键与切向键在楔紧后，毂与轴产生相对偏心，因此工作时对中性差，并且轴上键槽也削弱了轴的强度。由此可产生联想，若沿着轴的圆周用带有锥度的套进行楔紧就可避免这种偏心，也避免了轴上键槽的加工，因此就产生了弹性环连接。

弹性环连接是利用锥面贴合并楔紧在轴毂之间的内外锥形环构成的摩擦连接，见图5-24。在由拧紧螺纹连接而产生的轴向压力作用下，内外环相对移动而压紧，内环2缩小抱紧轴，外环1胀大撑紧毂，使接触面产生径向压力，工作时就靠由压力而产生的摩擦力传递转矩。弹性环连接对轴的疲劳强度削弱很小、对中性好、装拆方便、寿命长、可反复使用、轴向和周向调整方便、容易将轮毂固定在理想的位置上。与过盈配合一样，双向转动不会产生冲击，而对轴与毂的加工要求比过盈配合低。

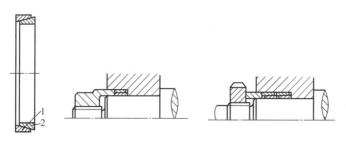

图 5-24　弹性环连接

5.2.2 离合器的结构元素变异与演化

图 5-25 所示是摩擦离合器在结构形状、数量、位置的变异与演化实例。图（a）表示了结构形状的变异，分别为鼓形、圆锥形和盘形离合器；图（b）是在圆锥形离合器的基础上进行操作形式的变换，由推力变为拉力；图（c）是在圆盘形离合器的基础上，摩擦盘的数量增加，采用内多片或外多片；图（d）是在图（a）的基础上各类离合器均采用摩擦盘数量倍增的结构变换。因此就产生了多种结构形式的摩擦离合器，为各种工作要求提供了更多的选择空间。

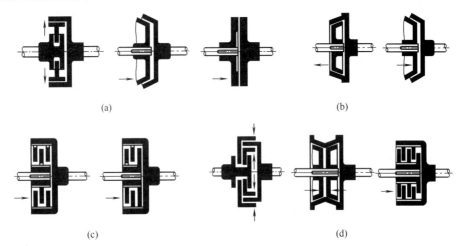

图 5-25　离合器的结构元素变异

5.2.3 棘轮传动的结构元素变异

图 5-26 是棘轮传动的 9 种结构形状，棘爪头部的形状要适应于棘齿的结构形状，则分别有尖底、平底、滚子、叉形等结构；棘爪与棘齿的数量，位置应满足工作要求，有双棘爪、单棘爪；棘齿的位置应满足工作要求，则出现有棘齿布置在棘轮圆周上的，也有布置在棘轮端面上的。

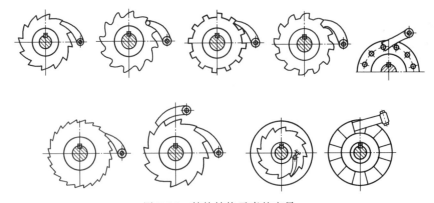

图 5-26　棘轮结构元素的变异

5.2.4 各种槽销结构元素的变异

在机械中，销除了用于连接，还可用于定位、防松以及作为安全装置中的过载剪断元件。销的结构形状多种多样，在结构形状变异与创新过程中，主要着眼于连接、定位可

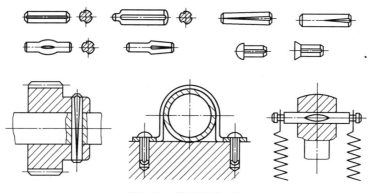

图 5-27 槽销及其应用

靠,装拆方便、快捷,成本低。图 5-27 所示为各种槽销及其使用场合。开槽是为了防松,减少冲击、振动,也方便拆卸。槽的位置也因使用要求不同而各异,有的贯穿始终,有的设在中间,有的则开在端部。

5.2.5 新型联轴器的结构特点

图 5-28 所示是两种新型联轴器。图 5-28(a) 是球铰柱塞式万向联轴器,这种联轴器的创新思路是连接的变换,引入了移动副,增大了运动的补偿量,尤其是轴向的移动量。用三个球铰并列布置,提高了连接刚度,同时也提高了承载能力,并且使用单节就可以保证两轴的同步性。

图 5-28(b) 所示为一种浮动盘簧片联轴器的结构。该联轴器是在十字滑块联轴器基础上演化的。也是一种接接形式的变换,并引用了弹性构件。其工作原理是采用对称排列的弹簧片分别与浮动盘、半联轴器以铰接的形式代替十字滑块的移动形式。转矩由主动端半联轴器通过若干弹簧片传递给浮动盘,浮动盘再通过若干弹簧片传递给从动端半联轴器,用弹簧片的弹性变形来补偿两轴线的相对偏移。

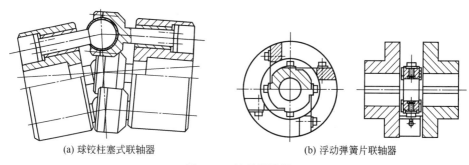

(a) 球铰柱塞式联轴器　　　　　　　　(b) 浮动弹簧片联轴器

图 5-28 新型联轴器

5.2.6 改善工作性能的结构变异

在结构形状设计时,还要考虑到工作条件与外界因素对零件功能效果的影响。例如,对于高速带传动,为增加带的挠曲性,在带的非工作面上一般均开有横向沟槽;带轮一般制成鼓形,运转时保持带位于带轮的中部,以防止脱落;为避免带与带轮之间生成气垫,影响传力的可靠性,在小带轮的轮缘上开有环形槽,如图 5-29 所示。

图 5-30 所示,摆杆 1 主动将力传递给移动杆 2,若将接触球面的结构形状放在摆杆上,则得到较好的传力效果。

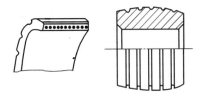
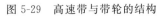

图 5-29 高速带与带轮的结构

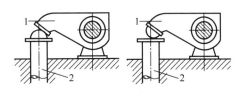

图 5-30 摆杆与推杆球面位置的变换

在轴承座孔不同心，或在受载后轴线发生挠曲变形的工作条件下，会出现轴承端部的轴瓦与轴颈的边缘接触，从而产生边缘压力，造成轴或轴承过早失效。为改变这种状况，可将轴瓦外表面设计成球形，或将轴瓦外支承表面设计成突起窄环，也可以设计成柔性膜板式轴承壳体，见图 5-31。它们均可降低轴承边缘压力。

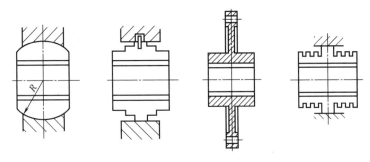

图 5-31 调心滑动轴承

如图 5-32(a) 所示的粘接头，粘接面受剪切力。如果改进接头的结构，采用图 5-32(b)的结构布置形式，使载荷由钢板承受，则可以大大减小粘接面的受力。

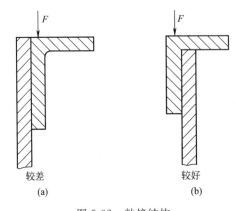

较差
(a)

较好
(b)

图 5-32 粘接结构

5.3 适应材料性能的结构设计与创新

结构形状要有利于材料性能的发挥。零件的材料一般有金属材料，非金属材料；金属材料又包括有色金属材料与黑色金属材料；非金属材料常用的有塑料、橡胶、陶瓷以及复合材料等。材料的性能主要包括：密度、硬度、强度、刚度、耐磨性、磨合性、耐腐蚀性、传导性（导电、导热）等。零件结构形状设计应利用材料的长处，避免其短处，或者采用不同材料的组合结构，使各种材料性能得以互补。

5.3.1 扬长避短

铸铁的抗压强度比抗拉强度高得多，铸铁机座的肋板就要设计成承受压力状态，以充分发其优势。如图 5-33 所示，显然图（a）的结构差，图（b）的结构好。

陶瓷材料承受局部集中载荷的能力差，在与金属件的联接中，应避免其弱点。如图 5-34 所示，其中图（a）的结构不理想；图（b）的销轴连接中用环形插销代替直插销，可增大承载面积，是一种理想的结构形式。

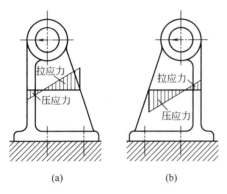
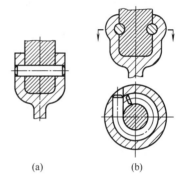

图 5-33　铸铁机座　　　　　　　图 5-34　陶瓷连接

塑料是常用的工材料之一，它重量轻、成本低，能制成很复杂的形状，但塑料强度、刚度低、易老化。用塑料作连接件要避免尖锐的棱角，因棱角处有应力集中，而塑料强度又低，所以很容易破坏。所以塑料螺纹的形状一般优先采用圆形或梯形，避免三角形，如图 5-35 所示。或者可以利用塑料的弹性，不采用螺纹连接，而采用简单的结构形状连接与定位，见图 5-36。

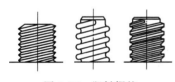
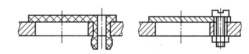

图 5-35　塑料螺纹　　　　　　图 5-36　塑料连接的替代

5.3.2 性能互补

刚性与柔性材料合理搭配，在刚性部件中对某些零件赋予柔性，使其能用接触时的变形来补偿工作表面几何形状的误差。图 5-37 所示的滚动轴承，将其外圈 2 装在弹性座圈 4 上，4 与外套 3 粘在一起。为防止 2 相对 4 轴向移动，在 4 的两边做有凸起 A，4 上每边还有 3 个凸起 5，它们相互错开 60°。4 上沿宽度方向设有槽 a。当轴承承受径向载荷时，槽就被变形的材料填满。这种轴承可以补偿安装变形、补偿轴向位移、补偿角度位移、减少振动与噪声、延长使用寿命。

对于两刚性元件间的相对线性或角度位移量不大，容易出在边界摩擦状态下的连接，可在两个刚性元件之间加一个弹性元件，将两个刚性元件粘接在一起，用弹性元件变形时的内摩擦代替连接的滑动摩擦或滚动摩擦。图 5-38 所示的轴 4 上压配有套筒 2，4 与 3 之间只有摆动，若采用普通铰接，需要润滑，而且有磨损。当在中间粘有弹性套筒 2 后，不但省去润滑与密封，也消除了磨损，提高了可靠性，抗冲击能力，减轻了重量，减少了振

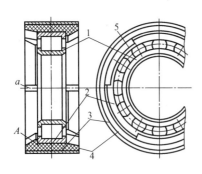

图 5-37 带弹性外圈的滚子轴承

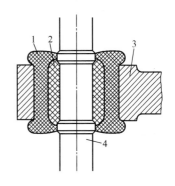

图 5-38 带弹性元件的铰链

动与噪声。

为提高零件的耐磨性，常采用铜合金、白合金等耐磨性能好的材料，但它们均属于有色金属，价格昂贵，而且强度较低。因此结构设计时，采用只有接近工作面的部分使用有色金属。如蜗轮轮缘用铜合金，轮芯用铸铁或钢；滑动轴承座用铸铁或钢，用铜合金做轴瓦；并且轴瓦表面贴附的白合金厚度不应太厚，因白合金强度差，易产生疲劳裂纹，使轴瓦失效。

对于链传动，由于是非共轭啮合，所以在工作时会产生冲击振动。经分析，在链条啮入处引起的冲击、振动最大，为改变这种情况，可在链条或链轮的结构上进行变形设计。图 5-39 所示是在链轮的端面加装橡胶圈，橡胶圈的外圆略大于链轮齿根圆，当链条进入啮合时，首先是链板与橡胶圈接触，当橡胶圈受压变形后，滚子才达到齿沟就位。图 5-40 所示的链轮齿沟处开有径向沟槽，用以改变系统的自振频率，避免共振。同时此链轮的两侧面还加装有橡胶减振环，用以减少啮合冲击。

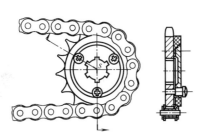

图 5-39 减振链轮（1）

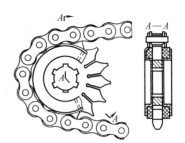

图 5-40 减振链轮（2）

在奥运会期间，运动员在获得奖牌（图 5-41）后处于兴奋状态，有可能将奖牌抛向空中。为了提高奖牌的抗冲击性能，提高强度，奖牌设计修改完善小组对奖牌金属和玉结合的工艺技术以及安全性等进行了多次技术测试，最后采取的工艺方法及结构大致如图 5-42 所示，在玉与金属奖牌座之间填充了弹性胶体作为缓冲吸振体。实验证明，将奖牌从 2m 高空下落做自由落体运动，落地时奖牌完好无损。

常见的 V 带传动中的 V 带结构如图 5-43 所示，由顶胶 1、抗拉体 2、底胶 3 和包布 4 组成。由于抗拉体需要承受较大的拉力，所以采用绳芯或帘布芯来承受，而其它部分则采用橡胶和浸有橡胶的包布，可以增大 V 带与带轮槽侧面的附着性和摩擦力，实现功能互补。

图 5-41 奥运会奖牌

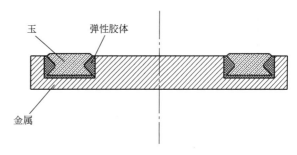

图 5-42 奖牌结构示意图

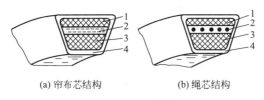

(a) 帘布芯结构　　　　　(b) 绳芯结构

图 5-43 V 带结构

5.3.3 结构形状变异

选用不同的材料，往往同时伴随着零部件结构形状的变异。图 5-44 所示的三种夹子，分别采用木材（a）、金属（c）、塑料（b），同时伴随着结构形状的变异。

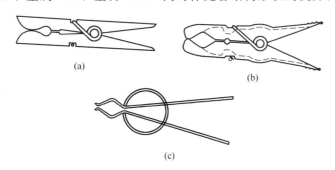

图 5-44 夹子的结构形状变异

5.4 方便制造与操作的结构设计与创新

在满足使用功能的前提下，设计者应力求使所设计产品的结构工艺简单、消耗少、成本低、使用方便、操作容易、寿命长。

5.4.1 加工工艺的结构构型

对于机械加工的零件，在构型上要考虑到使装卡、加工与测量时间比较短，设备费用低等因素。主要体现在加工面的形状力求简单，尺寸力求小，位置应方便装卡与刀具的退出，避免在斜面上钻孔，避免在内表面上进行复杂的加工等。例如，图 5-45 所示将内部加工的键槽改为在外部加工。

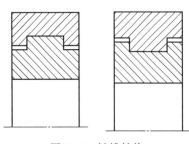

图 5-45 键槽结构

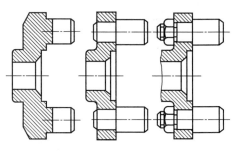

图 5-46 组合结构（1）

对于复杂的零件，加工工序增加、材料浪费，成本将增高，为改变这样的结构可采用组合件来实现同样的功能。图 5-46 所示为带有两个偏心小轴的凸缘，加工难度较大，将小轴采用组合方式装配上去，将改善工艺性，又不失去原有功能；图 5-47 所示为燕尾槽滑轨，加工时有一定难度，刀具容易损坏，如果设计成组合式结构，对加工要求就简单多了。图 5-48 中构件，分别采用铸造、焊接和粘接三种制造工艺方法加工。粘接件由于粘接的强度比焊接低，所以设计时应有较大的粘接面积，与铸件、焊接件的结构有明显的不同。

图 5-49 所示的顶尖结构中，图（a）只有两个圆锥表面，用卡盘无法装卡，图（b）的结构中增加了一个圆柱表面，方便了装卡。图 5-50 所示将斜面开孔进行结构变形，使零件表面与孔的中心线垂直。

即使同一种工艺方法，实际中构件的形状也可能不同，如图 5-51 所示，虽然都是采用点焊的方法焊接，则最好应使点焊接头承受剪切力，而不要承受拉力。

图 5-47 组合结构（2）

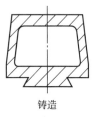  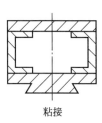

铸造　　　　　　焊接　　　　　　粘接

图 5-48 不同工艺时的结构形式

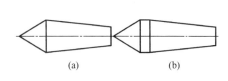

(a)　　　　　　(b)

图 5-49 顶尖结构

图 5-50 钻孔结构

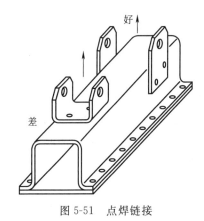

图 5-51 点焊链接

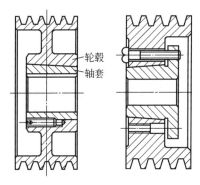

图 5-52 易拆装的 V 带轮

5.4.2 装配输送的结构构型

装配可靠、方便、省力一直是人工装配所希望的；同时随着装配自动化程度的提高，装配自动生产线，以及装配机器人对结构形状的识别也提出了构型的要求。

图 5-52 所示为易拆装的 V 带轮，带轮由带锥孔的轮毂和带外锥的轴套组成。这种带轮对轴的加工要求较低，连接可靠，拆装方便，不需要笨重的拆卸工具，不同的轴径只需要更换不同的轴套，因而也提高了带轮的通用性。

图 5-53 所示为弹性活销联轴器的结构。该联轴器最突出的优点之一是只需要一次对中性安装，当更换弹性元件时，不需要移动半联轴器，减少了工时，提高了效率。该联轴器特别适合于轴线对中安装困难，又要求节省工时的场合。

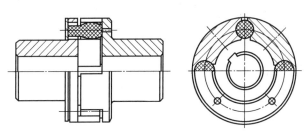

图 5-53 弹性活销联轴器

对那些外形相似或差别很小不容易识别的结构，设计时需要在外形上进行巧妙构造，使其造型既不影响结构功能，又使结构形状容易识别。如图 5-54 所示的左、右旋螺栓，从外形上很难识别，结构构型时，可以将左旋螺栓头设计成方形。对于螺栓连接的螺母装配，采用对称结构形状的螺母，不必判别方向，装上即可。这给自动化装配带来方便，可以省去判别方向的过程。

左旋   右旋

图 5-54 左、右旋螺栓的识别

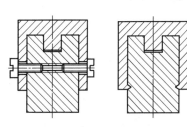

图 5-55 简化装配

5

机械结构设计与创新

117

对于用机械手安装的零件，可以将螺钉定位结构改变为卡扣定位结构，如图 5-55 所示。

零件在输送时，需要形状简单、稳定、不易互相干扰或倾倒，如图 5-56 所示。其中图 (a)、(c)、(e)、(g) 的结构不利于输送，而图 (b)、(d)、(f)、(h) 均为比较合理的结构形状。

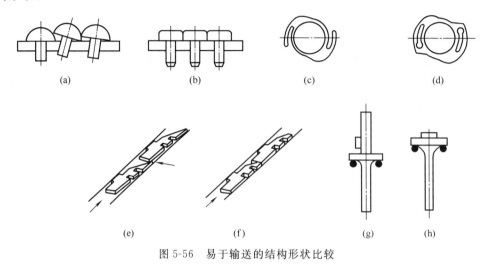

图 5-56　易于输送的结构形状比较

5.4.3　简单结构

只有精炼的、简单的才是设计的进步，也是设计者的愿望。

（1）连接结构的简化

例如塑料结构的强度较差，用螺纹连接塑料零件很容易损坏，并且加工制造，安装装配都比较麻烦，若充分利用塑料零件弹性变形量大的特点，使搭钩与凹槽实现连接，装配过程简单、准确、操作方便，见图 5-57。

图 5-58 所示是美国通用汽车公司设计的双稳态闭合门（美国专利 3541370 号）。此设计利用了挤压丙烯的特性，制成弹簧压紧装置，比一般金属零件组成的结构更为简单。

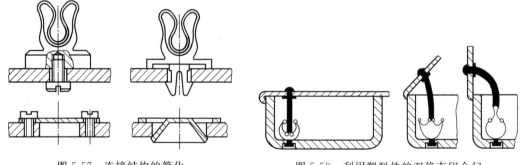

图 5-57　连接结构的简化　　图 5-58　利用塑料件的双稳态闭合门

类似的简化连接结构应用很多，例如图 5-59 所示的软管的卡子；图 5-60 所示的法兰连接等。快卸销能快速拆卸，其结构简单、巧妙，见图 5-61。

（2）铰链结构的简化

由金属制成的铰链结构比较复杂，对于常用的载荷很小的铰链结构若用塑料制作就可以将结构大大简化，如图 5-62 所示。

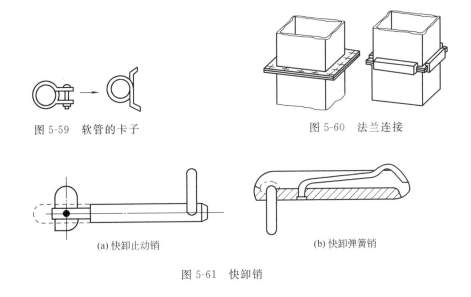

图 5-59　软管的卡子

图 5-60　法兰连接

(a) 快卸止动销　　　　　　(b) 快卸弹簧销

图 5-61　快卸销

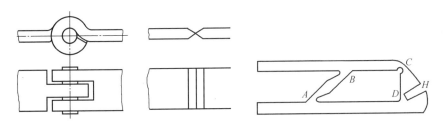

图 5-62　铰链结构的简化及应用

（3）其它简单结构

图 5-63 所示为小轿车离合器踏板上固定和调节限位弹簧用的环孔螺钉，工作要求是连接、传递拉力、能实现调节与固定。其中图（a）是通过车、铣、钻等加工过程形成的零件；图（b）是用外购螺栓再进一步加工；图（c）是外购地脚螺栓直接使用。其成本由100％降到10％。

图 5-64 中用有弹性板压入孔中代替原有老式设计的螺钉固定端盖，节省加工装配时间。图 5-65 所示为简单、容易拆装的吊钩结构。

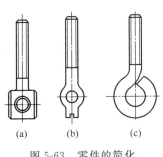

(a)　　(b)　　(c)

图 5-63　零件的简化

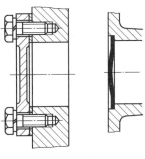

图 5-64　简化端盖

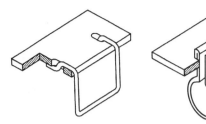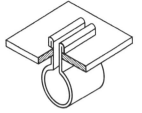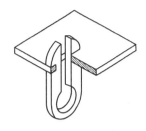

图 5-65　简单吊钩

5.4.4　宜人结构

宜人结构是指机械设备的结构形状应该适合人的生理和心理要求，使得操作安全、准确、省力、简便，减轻操作的疲劳，提高工作效率。

（1）减少操作疲劳的结构

结构设计与构型时应该考虑操作者的施力情况，避免操作者长期保持一种非自然状态下的姿势，如图 5-66 所示的各种手工操作工具的改进前后的结构形状，改进前结构形状呆板，操作者使用时长期处于非自然状态，容易疲劳；改进后，结构形状柔和，操作者在使用时基本处于自然状态，长期使用也不觉疲劳。

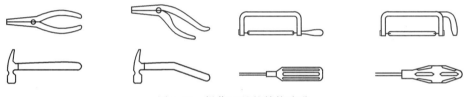

图 5-66　操作工具的结构改进

（2）提高操作能力的结构

操作者在操作机械设备或装置时需要用力，人处于不同姿势、不同方向、不同手段用力时发力能力差别很大。一般人的右手握力大于左手，握力与手的姿势与持续时间有关，当持续一段时间后握力显著下降。推拉力也与姿势有关，站姿前后推拉时，拉力要比推力大；站姿左右推拉时，推力大于拉力。脚力的大小也与姿势有关，一般坐姿时脚的推力大，当操作力超过 50～150N 时宜选脚力控制。图 5-67 所示为人脚在不同方向上的力量分布图。

用手操作的手轮、手柄或杠杆外形应设计得使手握舒服，不滑动；用脚操作最好采用坐姿，座椅要有靠背，脚踏板应设在座椅前正中位置。图 5-68 所示为旋钮的结构形状与尺寸建议。表 5-1 列出了各种尺寸旋钮的操纵力。

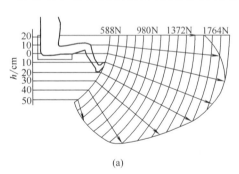

(a)

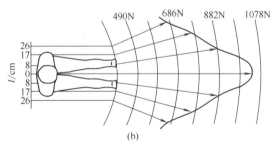

(b)

图 5-67　脚的力量分布

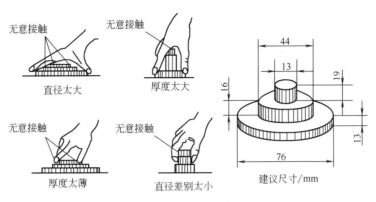

图 5-68　旋钮的结构形状与尺寸建议

表 5-1　各种尺寸旋钮的操纵力

旋钮尺寸/mm		操纵力/N	
D	H	合适	最大
10	13	1.5	10
20	20	2.0	20
50	25	2.5	25
60	25	5~20	50

（3）减少操作错误的结构

为减少操作错误，操作零件的外形要简单，容易辨认；操作位置要合适，应力求使操作零件位于操作者的手或脚够得着的位置；应给操作者提供一个可减轻疲劳的座位，指示仪表在操作者视野范围之内。表 5-2 列出了各种形状指示仪表的误读率以及相应的结构尺寸。

表 5-2　几种刻度盘的误读率对比

	开窗式	圆　形	半圆形	水平直线	垂直直线
几种刻度盘形式					
误读率/%	0.5	10.9	16.6	27.5	35.5
最大可见度盘的尺寸/mm	42.3	54	110	180	180

（4）外形与色彩

零件的外形应与零件的功能、零件的材料、载荷特点、加工方法相适宜，同时也要适应人的反应。例如减速箱的功能是放置轴及传动齿轮，同时还要作为轴的支承与油箱。其材料常用铸铁，加工过程有铸造、镗孔、铣平面、钻孔等。则箱座的外形常被设计成长方体，安装轴承的支承处设有加强筋，与箱盖和地面结合处设计成凸缘状，为安装起运方便还应设计吊耳或吊环等。

在满足使用功能、加工条件、材料特型外，还要考虑外型的和谐、均衡、稳定。一般产品的外形多为对称布置，例如各种轮型零件的腹板孔常设计成 4 个或 6 个，并对称分布；花键的键槽也是对称分布。图 5-69 表示了一个外形均衡的机座。假如要设计成非对称结构的，要注意结构的和谐、合理性。图 5-70 是几种非对称结构的实例。

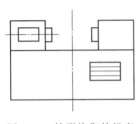

图 5-69　外形均衡的机座

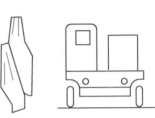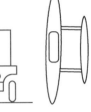

图 5-70　非对称结构

外形稳定主要体现在上小下大、上轻下重、重心较低，让人产生稳定感。经常采用附加的或扩大支承面来实现稳定。图 5-71 表示了一个通过扩大支承面实现外形的稳定。

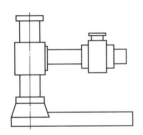

图 5-71　外形稳定的结构

机械产品的配色一方面要考虑色彩与零部件的功能相适应，另一方面还要考虑与环境相协调。例如示警色彩要鲜明，一般采用黄色或红色。消防车用红色，工程车采用黄色。对于机器中的危险部分，如外露的齿轮，自动报警开关等可局部涂上鲜艳的橙色。为有洁净感，色彩则比较素雅，如医疗与食品常采用白色或淡蓝色。为有凉爽感，如冰箱、风扇等，多用冷色。为了隐蔽，色彩要与环境相似，所以军用机械多采用绿色和迷彩颜色。

对于机身、机座常采用套色的做法，一般是两套色。例如机床，为使操作者心情愉快，主调色一般采用鲜艳色彩，辅助色则与及其功能相适应，应能反映出机器的造型和结构特征。故机床一般采用浅灰与深灰，奶白与苹果绿，苹果绿与深紫的套色方法。

5.5　用模块拼接法进行结构的创新

在结构创新过程中，通常先有一个构思雏形，然后再把这个构思用实物表现出来。对于很多构件或构件组合，若加工成实物，则费用较高，所以用模块拼接的方法来构成实物，不失为一种简捷经济的结构创新方法。

在儿童玩具的插接积木中就体现了模块拼接法的思想内涵。如图 5-72 所示，就是某种插接积木的基本插件，这些插件可以进行多方位的插接，形成不同形状的构件。图 5-73 中的树就是用插接件组合而成的。目前工业上也采用拼接模块进行结构的创新设计，例如图 5-74 所示的就是采用慧鱼组合模块搭接的立体仓库的工业模型。图 5-75 是第三届全国大学生机械创新设计大赛慧鱼组竞赛的获奖作品"多功能环境卫士"中的行走轮支承模块，其中支承架结构就是采用基本模块组合而成的。

图 5-72　插接积木的模块

图 5-73　插接积木拼接的树木

图 5-74　慧鱼模块拼接的立体仓库

图 5-75　行走轮支承模块

习题

5-1　对图 5-76 所示各零件按照功能分解的思路，分析零件各部分结构功能，并对其结构形状提出可改进的建议。

5-2　将滚动轴承进行结构分解，并简述各部位的功能。

5-3　盘类零件（例如齿轮、带轮、凸轮、飞轮等）的轮体结构形式一般有哪几种？为什么？

5-4　在图 5-77 所示结构中，哪一种结构有利于改善支承的强度与刚度。

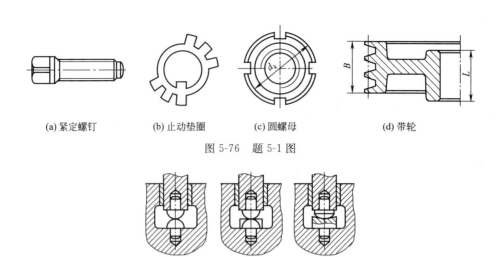

(a) 紧定螺钉　　(b) 止动垫圈　　(c) 圆螺母　　(d) 带轮

图 5-76　题 5-1 图

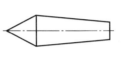

图 5-77　题 5-4 图

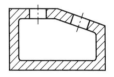

图 5-78　题 5-5 图

5-5　为了加工与装卡方便，请提出对图 5-78 所示零件结构形状的改进方案。

5-6　请列举运用不同材料搭配组成的零件，并说明其搭配意图。

5-7　请列举几个运用结构功能移植的方法产生的联轴器。

5-8　请尝试运用功能组合的方法创新设计一个新的产品。

5-9　根据自己平时使用的各种用具，分析哪些结构形状是宜人的，为什么；哪些是不宜人的，应如何改进。

5-10　简述几种笔（自动铅笔、圆珠笔、钢笔、毛笔）在工作状态时的结构形式，各有何区别，为什么？

6 反求设计与创新

反求设计是以先进技术或产品的实物、软件（图纸、程序、技术文件等）、影像（照片、广告图片等）作为研究对象，应用现代设计理论方法学、生产工程学、材料学、设计经验、创新思维等和有关专业知识进行系统深入地分析与探索，并掌握其关键技术，进而开发出先进产品。运用反求技术，可以缩短新产品开发的时间，提高新产品开发的成功率，是创新设计的一种有效方法。

6.1 概　　述

6.1.1 反求问题的提出

实际上，任何新产品的问世都蕴含着对已有科学、技术的继承和借鉴。反求思维的方法在工程上的应用已经源远流长。只是作为反求设计或反求工程的术语提出来，以及作为一门学问进行专门研究，则是在 20 世纪中期。

当时日本作为二战的战败国，在经济上饱受战争影响，急于恢复与发展，它们提出的口号是："一代引进，二代国产化，三代改进出口，四代占领国际市场"。三洋电机开发洗衣机的过程就是一个很好的实例。1952 年夏，三洋电机当时的社长井植岁男看到了洗衣机市场存在巨大的潜力，决定开始研制洗衣机。他们购买了各种不同品牌的洗衣机，并将其送至干部的家中，公司也放满了各式各样的洗衣机。让员工们反复研究琢磨、试验、比较和分析，充分总结和剖析各类洗衣机的优缺点、安全性能、方便程度以及价格水平等，找出了一种比较满意的方案，试制了一台样机。正准备投入市场时，他们又发现了英国胡佛公司最新推出的涡轮喷流式洗衣机，这种涡轮喷流式洗衣机的性能比原先的搅拌式洗衣机有了很大的提高。三洋公司的管理者深深懂得，后开发的产品，如果在性能上没有明显优于已经上市的同类产品，那么不仅应当预计到在今后的竞争中必然遭受失败的后果，甚至一开始就应当考虑是否投产的问题。于是三洋公司果断地放弃了已投入几千万元研制出的即将成批生产的洗衣机，开始对胡佛公司的涡轮喷流式洗衣机进行全面解剖和改进。于1953 年春研制出日本第一台喷流式洗衣机。这种性能优异、价格只及传统搅拌式洗衣机一半的新产品，一上市便引起轰动，不仅带来巨大的经济效益，而且使三洋在洗衣机行业站稳了脚跟。

为实现国产化的改进，为了要最终占领国际市场，就迫切需要对别国的产品进行消化、吸收、改进和挖潜。这也就形成了反求设计或反求工程的发展机制。成功地运用反求工程，使日本节约了 65% 的研究时间，90% 的研究经费。到 20 世纪 70 年代，日本的工业已经达到欧美发达国家水平。中国也不乏反求的例子，最典型、最成功的反求工程就算是海尔了，它一开始借鉴德国的海尔技术与管理模式，又在其基础上进行继承与创新，现在已经成为世界知名品牌。

因为研究和应用反求设计或反求工程可以有效回避研究开发探索的风险，实现在高起点去创新产品，因此重视和研究反求工程的国家很多。我国作为一个发展中的国家，科技水平相对落后，投入大量资金去研究发达国家已经推向市场的产品是完全没有必要的。这不仅是资金浪费的问题，也会拖延发展经济的时间或机会。因此深入研究反求设计或反求工程，在不断引进新产品或新技术的基础上开发自己的新产品，最终推向国际市场是很有必要的。

大部分人都把反求工程和盗版copy混为一谈，认为反求实质上就是窃取，这样理解的话就是大错特错。反求之所以会上升到工程的概念，就是因为它"是以设计方法学为指导，以现代设计理论、方法、技术为基础，运用各种专业人员的工程设计经验、知识和创新思维，对已有新产品进行解剖、深化和再创造，是已有设计的设计"。它含有改进人员的再创造，在法律和道德的角度上讲都是无可厚非的。当然，在反求过程中一定要在科技道德和法律制约下进行，遵守有关法律（如专利法、知识产权法、商标法等）。应该强调，作为一个国家、民族，为发展科技和振兴经济，不能全靠反求来生存；鼓励独立的创造性永远是主旋律或主题。

6.1.2　反求设计的含义

人们通常所指的设计是正设计，是由未知到已知的过程，由想象到现实的过程，这一

图 6-1　正设计示意图

过程可用图6-1来描述。当然这一过程也需要运用类比、移植等创新技法，但产品的概念是新颖的，是独创的。

反求设计则不然，虽然为反设计，但绝不是正设计的简单逆过程。因为针对的是别人的已知和现实的产品，而不是自己的，所以也不是全知的。是一个虽然知其然，但不知其所以然的问题。因为一个先进的、成熟的产品凝聚着原创者长时间的思考与实践、研究与探索，要理解、吃透原创者的技术与思想，在某种程度上比自己创造难度还要大。因此反求设计绝不是简单仿造的意思，是需要进行专门分析与研究的问题。其含义可用图6-2所示框图描述。

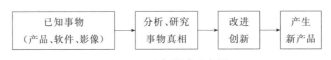

图 6-2　反求设计示意图

6.1.3　反求设计的研究对象

从工程技术角度分析，反求设计的研究对象一般分为三类，分别是实物反求、软件反求、图片反求。并且反求对象应该是比较先进的技术或产品；也可能是自然界的产物，例如反求人体结构进行再植手术等。

（1）实物反求

它是指在已有产品实物的条件下，通过试验、测绘、分析，确定其关键技术，再创造出新产品的过程。反求的产品实物可以是整机、部件或零件。反求的内容包括产品的功能、原理方案、结构性能、材料、精度等。

实物反求，首先要在未解体前进行功能、性能等全面试验考核，测试其各项功能和性

能指标。为此，应解决以下几项内容：

　ⅰ．根据样本、使用说明书，摸清有哪些功能指标；

　ⅱ．为要进行试验，制定试验条件和试验规范；

　ⅲ．选择和完善试验台及相应测试仪表及精度；

　ⅳ．对试验结果的科学处理，其中有静态数据和动态数据；

　ⅴ．试验中出现故障现象的记录，为进一步分析提供依据。

总之，通过试验，要客观捕捉和反映原机的真实面貌，总结其优点和不足。接下来可以进行测绘工作。测绘中要注意以下几个重要事项。

① 尺寸、精度问题　一般样机都要经出厂磨合试验和性能试验，尺寸、形状、表面等精度会有变化，要反求其公差和表面精度。

② 曲线和曲面拟合问题　有些零件或组件，很难勾画出其形状（例如三维曲面），这就要用三坐标测量和 CAD 中曲面造型等技术去解决。

③ 无损检测问题　对样机的零件测绘不允许有损伤，要能恢复原状。例如，有些零件表面有耐磨、耐蚀或美观性等很薄涂层；材质成分和硬度；内表面难以测量的尺寸和形状等，就必须用无损检测，一般可用激光技术、材料转移的光谱技术、三维全息照相显示技术等。

④ 测绘后对关键问题的分析和反设计问题　测绘完后要绘成完整图纸，需各种标注和根据对零件工作特性提出技术要求；特殊的形状曲线（例如高次方凸轮轮廓、各种过渡曲线等）应通过优化设计反求其科学依据；箱体等结构复杂件应采用有限元法去反求其强度和刚度等。

（2）软件反求

产品样本、技术文件、设计说明书、使用说明书、设计图纸以及有关规范和标准等均为软件。反求的内容主要有，深刻理解图样与技术要求，选择合适的材料、工艺过程与热处理方法，试制样机并进行性能测试，最后创新出新产品。软件反求中有三类情况：一是既有实物，又有全套技术软件；二是有实物而无技术软件；三是无实物，仅有全套或部分技术软件。每类反求各有特点和难点。

（3）影像反求

产品的图片、照片、广告介绍以及参观印象或影视画面等均属于影像。这是反求对象中信息量最少，难度最大，但也最富有创新性的反求设计。反求的工作主要是从影像的外形、尺寸、比例，并运用透视变换与投影等知识，及各种专业知识进行琢磨、分析、领会其功能、性能、结构特点等，然后进行从原理方案、构型综合、直到完成产品的创新。

6.2　反求设计的内容与过程

6.2.1　反求设计的主要内容

（1）设计思想的反求

反求设计的最重要内容是探求设计者的设计思想，设计思想是设计者的灵魂，设计者会挖掘个人的所有知识与经验用来开发新产品，是设计者本人或设计小组全体成员智慧的结晶。

设计思想主要应包括设计产品开发的必要性与适应性，产品是在何种条件下产生的，为什么要研制开发这种产品；产品造型的特殊性，这种造型会产生何种效应与影响，是单纯为操作者提供方便，还是具有某种特殊功能；产品的结构特点，有些什么与众不同的特点，进而分析这些特殊结构的特殊原因，以及会造成的结果等。设计思想的反求是贯穿反求全过程的工作，在反求设计中的每一步骤都不要忘记揣摩设计者的意图。

例如，为降低产品的成本，以及方便使用与携带，产品的小型化则成为设计者的指导思想；为满足不同用户要求各异的特点，推出衍生性产品也成为设计者的指导思想。如日本索尼公司创造的随身听系列产品，在不改变主要技术原理和产品元件的条件下，只是通过改变局部辅助功能，而推出儿童用的小巧型、运动使用的防振型、海滩娱乐使用的防水型等。从20世纪80年代初到90年代初，索尼公司仅在美国市场就推出了572种随身听产品。

（2）功能原理的反求

功能原理的反求也是一个分析过程。对于一个已知产品，其总功能是已知的，但深入分析其组成结构时，会发现产品的各组成部分的分功能，乃至功能元并非全了解，因此很有必要首先分析组成产品各部分存在的意义。其次应深入分析实现这一功能的工作原理，是简单的机械效应，或是气动与液压的效应，还是电磁等效应；是采用了分割，还是合并原理等。掌握了功能原理，就可以变被动为主动，开发出实现同样功能的不同原理解，也就实现了从反求到创新的过程。如在设计一个夹紧装置时，若把功能原理限定在纯机械机构范围内，则可能设计出螺旋夹紧、凸轮夹紧、连杆机构夹紧、斜面夹紧等方案；如果把功能原理不限定在纯机械机构范围内，则可能出现液压、气动、电磁夹紧等原理方案。

（3）结构形状与尺寸参数的反求

结构形状与尺寸参数的反求既是一个分析过程，也是一个实际测绘过程。反求活动中包含有实物测量、数据处理、误差分析等内容。

对于实物反求，可以比较容易地获得产品某部分的实际结构形状，这将有利于反求工作的进行。一般情况，零件形状可以划分为规则的，如平面、圆柱、圆孔、凸台、导轨等；以及不规则形状，如凸轮、叶轮、自由曲面等。根据形状的复杂程度，可以采用不同的测量手段，获取数据的方法，以及误差的分析方法。

对于不规则形状零件的反求，首先要建立零件的测量坐标系。测量时测点的位置在均匀分布的基础上，再按曲率特性补充测点，使测量路径既容易形成，又考虑到加工难度随曲率变化的规律。目前用于工业测量的方法有，坐标测量仪、激光测量仪、工业CT、逐层切削照相测量等。若采用测量机或激光扫描等采样设备时，还要注意测头的方位。

数据的处理主要是指对不同的测量方法所获得的结果进行整理、检查。剔除废点数据，增加必要的补偿点，对测量数据进行平滑处理以消除噪声信号及其它干扰因素造成的抖动。然后对数据采用一定的方法进行拟合，并生成光滑的曲线输出，或产生NC轨迹，直接加工。

误差分析是指经过反求所获得的尺寸与参数和原始零件的尺寸与参数之间存在一定误差，这些误差包括测量误差、数据整理时造成的计算误差、原始零件在制造过程中产生的不可避免的制造误差、原始零件在使用过程中的磨损或破损误差。用数学解析式表示为：

$$\Delta_{反求} = f(\Delta_{测量} + \Delta_{计算} + \Delta_{制造} + \Delta_{磨损})$$

一般取各项误差的均方根作为反求误差，即

$$\Delta_{反求} = \sqrt{\Delta_{测量}^2 + \Delta_{计算}^2 + \Delta_{制造}^2 + \Delta_{磨损}^2}$$

为了提高反求精度，可采取各种措施，如提高测量精度；提高拟合计算精度。

图 6-3 所示为健身器的反求设计。图 (a) 是健身器扫描数据点晕,图 (b) 为重构曲面线框图,图 (c) 为重构曲面光照图,图 (d) 为重构曲面 NC 加工轨迹。

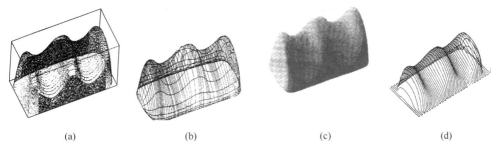

| (a) | (b) | (c) | (d) |

图 6-3 结构形状的反求

但也有可能产品的某一部分,而且是关键的部分无法获取其真实面目,若强行破坏会造成经济损失,这时就可以采用工业 CT 与分析相结合的手段,工业 CT 成本较高,精度较低,但不损伤实物。有了 CT 的大概图像,再从原理角度详细地分析可能的结构形状。或者可以根据遮盖物的外形分析内部看不见的物体可能的结构形式,再构造其结构形状。

对于规则形状零件的反求,首先要选择测量基准。一般可选择零件的底面、端面、中心线、轴线或对称面为测量基准。在测量时,一般取不同的角度或方位多次测量同一尺寸,然后取其平均值。

在几何精度设计中应遵循以下几个基本原则。

① 基准统一原则 各种基准原则上应该统一,如设计时应选择装配基准为设计基准;加工时应选择设计基准为工艺基准;测量时测量基准应按测量目的来选定,中间(工艺)测量应选工艺基准为测量基准,终结(验收)测量应选择装配基准为测量基准。

② 传动链、测量链或尺寸链最短原则 在一台设备中,传动链、测量链或尺寸链环节的构件数目应最少。

③ 变形最小原则 在几何精度设计时,应力求保证由于重力、内应力及热变形等影响所引起的变形为最小。

④ 精度匹配原则 在对产品进行总体精度分析的基础上,根据产品中各部分各环节对整机精度影响程度的不同和现实可能,分别对各部分各环节提出不同精度要求并进行恰当的精度分配。

⑤ 经济原则 经济原则是精度设计要遵守的一个基本而重要的原则。一般可以从工艺性、合理的精度要求、合理选材、合理调整环节以及提高整机使用寿命五个方面来考虑。

对于规则形状的零件也可根据概率统计原理,即零件尺寸的制造误差与测量误差的概率分布服从正态分布规律,尺寸误差位于公差中值的概率最大。对于一些重要的配合尺寸,首先应判别是基孔制还是基轴制配合。基孔制配合的孔的上偏差为正值,下偏差为零;而基轴制配合的轴的上偏差为零,下偏差为负值。如图 6-4 所示。

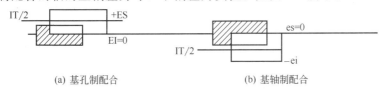

| (a) 基孔制配合 | (b) 基轴制配合 |

图 6-4 配合基制

假如测量尺寸为原始尺寸与公差中值之和，则孔或轴的原始尺寸应满足下列不等式。

基孔制：

$$孔的原始尺寸＜孔的测量尺寸$$
$$轴的原始尺寸＜孔的测量尺寸$$
$$孔的测量尺寸－原始尺寸≤1/2孔公差（IT11级）$$

基轴制：

$$轴的原始尺寸＞轴的测量尺寸$$
$$孔的原始尺寸＞轴的测量尺寸$$
$$原始尺寸－轴的测量尺寸≤1/2轴公差（IT11级）$$

对于轴孔类零件的公差值，可按公差标准选择。

零件的几何形状及位置精度对机械产品的性能有很大影响，根据对零件的实测结果选择形位公差时，应考虑以下原则。

ⅰ．确定同一要素上的形位公差时，形状公差值应小于位置公差值。

ⅱ．圆柱类零件的形状公差值（轴线的直线度除外），在一般情况下应小于其尺寸公差值。

ⅲ．形位公差值与尺寸公差值相适应。

ⅳ．形位公差值与表面粗糙度相适应。如表面粗糙度很大的要素，一般无形位公差要求。

ⅴ．选择形位公差时，要考虑到具体采用的加工方法，以便根据零件装夹及加工情况提出不同的形位公差要求。

零件的表面粗糙度可以用粗糙度检测仪较准确地测量出来，再根据零件的功能、实测值、加工方法，参照国家标准，选择出合理的表面粗糙度。

由于在几何精度反求设计过程中，计算模型及数据的模糊性决定了设计所得参数在很多情况下仅仅是局部最优解而不是全局最优解，所以对上面得到的精度设计结果还应进行模糊综合评判，并进行各种校验，包括基本偏差、结构工艺性、参数标准化、系列化等。

对影像、图片的反求，只能根据透视原理、色彩、参照物对比等效果所获得的信息，再通过功能原理的分析，进行推理，构造产品的结构形状。例如，根据国外某杂志介绍的省力矩扳手的圆盘外形，以及输入输出同轴特点，进行分析，认为可能是采用行星齿轮传动，以大减速比实现增矩的效果。按此设想进行设计，果然效果很好。

（4）材料的反求

材料的反求包括材料成分的反求，材料组织结构的反求，材料的力学性能反求以及材料的工艺反求。

材料的成分是指材料的化学成分。金属材料常用的最简单反求方法有火花鉴别和音质鉴别。前者是将材料与砂轮磨削后产生的火花形状鉴别材料的成分，后者是根据敲击材料的声音频率判断材料的成分。比较准确的材料成分反求有原子发射光谱分析法、微探针分析法等，以及对非金属材料反求采用的红外光谱分析法。

材料的组织结构是指材料的化学成分及结构组织情况，可用显微镜观察，然后通过计算机描述；

材料的工艺反求是指材料的成型方法，包括铸造、锻压、挤压、烧结、各种机加工以及各种热处理等。

材料的力学性能反求可以通过各种测试仪器，如应力应变仪、硬度计等进行测量，通过对材料各种力学性能的测试还可以反求出材料的热处理方法，以及材料的主要成分。

通过对材料一系列性能的反求，可以反求出原始的材料，或反求出原始材料的相关力学特性，这些将成为反求设计选择材料或代用材料的依据。

（5）关键技术的反求

关键技术是指那些能够实现同类产品难以达到的技术水平，模仿难度较大，具有一定竞争力的技术。关键技术是反求设计的重点，也是难点。关键技术包括关键功能、关键原理、关键结构和关键材料。

在乳状物料包装机的反求设计中，发现在物料输送机构的侧面并联了一个气泵机构，经过分析与多次试验确定了该气泵的功能是断料。虽然物料的输送量有计量机构专门控制，但物料的流动性与黏聚性在一定程度上影响了包装的质量。有了这样一个断料的功能大大提高了物料分装的准确性。

在研制筛分垃圾的振动筛时，分析其工作原理与结构，发现其筛箱被分成上下两部分，并且两部分之间安装有槽钢，槽钢与上下筛箱之间安装若干橡胶块（橡胶块数量可调）；上下筛箱又被若干个小钢板固连在一起，而被分割的每块筛网两端分别被连接在筛箱与槽钢上。经研究认为它是运用了双质体振动原理，加强了筛网的抖动，其用心完全在于防止具有黏湿性的垃圾粘在筛网上而影响筛分效率。这样一些关键的原理与结构使其不仅筛分效率提高，而且寿命也大大提高，见图6-5。

图 6-5　双质体振动筛

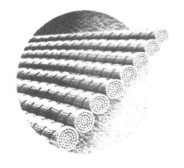

图 6-6　压电纤维

在一些产品中采用了关键的材料，使其形成关键的技术。例如压电纤维这种材料具有将振动、压力、弯曲变形能转化为电流的功能。若将压电纤维材料用于网球拍中，以便减少击球后球拍柄上产生的振动，从而减少了对运动员手臂的压力。若将其用在滑雪板上，可以让滑雪板边缘紧贴雪地，从而减少振动，如图6-6所示。

6.2.2　反求设计的主要过程

（1）实物（整机）反求

实物反求形象直观，可面对产品进行分析、测试、运行，以获得详细的设计资料。同时还具有参照性、可比性，有利于改进产品，开发新产品。其反求过程为以下几步。

① 分析　分析原始产品的功能特点、原理方案、结构性能、工艺过程、产品的造型特色等宏观的内容。

功能分析　分析产品的主要功能、分功能、辅助功能。并按照体现机电产品功能的能量、物料、信息以及与超系统的关系进行分析。例如分析产品共有几个动力源，何种动力源，这些动力源的技术参数分别是多少，如功率多大，转矩多大，又是如何将动力分配给各子系统的。物料分析包括产品本身的实物组合形式以及制品的形式。分别分析它们对产品功能的影响情况，那些有利于产品功能的发挥，产生有利因素影响的原因是什么。信息分析主要指传感与控制系统，分析它们对功能发挥所起的作用。超系统主要指产品存在的环境、使用者或操作者。分析产品对环境的影响，以及环境对产品的影响。分析产品的可操作性以及适应性。

原理方案分析　分析总功能及每项分功能各自采用什么样的工作原理，实现同样功能的还可能有的工作原理是什么，比较它的优越性和特色。

结构构型分析　主要分析外观构造与形状、色彩，外形构造和谐、配色恰当的产品会具有较大的吸引力。

工艺过程分析　主要是分析产品的工作流程，并与同类产品进行比较其复杂性、流程的长短、资源的利用等。

② 测试　是指开车运行，并在运行中进行有关性能的测试，即针对产品质量有影响的关键性能。例如功能测试，即是否能完成应具备的各种功能；原理方案的测试，即判断分析时所反求的原理是否正确；振动测试，机器运行时的振动情况；还有诸如启动时间、噪声、运行速度等。然后对试验的数据进行科学处理，记录试验的故障现象，为进一步反求提供依据。

③ 分解　是指对原始产品的解体、拆卸。在有条件的情况下最好能对反求的原始产品进行分解，其主要目的是进一步探索产品的工作原理、结构特性，零部件的特殊结构等。但分解时要遵循一定的原则，应在能恢复原貌的原则下进行分解，分解的零部件要按机器的组成进行编号纪录，拆后不易复位的，如过盈配合的零部件，特殊组件等不可分解。

④ 测绘　测绘主要是对零部件的测量与绘制。测绘前首先要分清标准件与非标准件，分清规则形状零件与不规则形状零件，分清重要零件与一般零件。对于重要的、形状又不规则的零件应采用三坐标仪等高精度仪器进行测量，并借助计算机进行曲线拟合与数据整理并输出。对有配合的零件要注意公差的反求与表面精度的反求。测量后的绘制需要对零件的工作特性与技术要求进行标注，特殊的情况还应进行优化设计，或采用有限元等分析方法反求零件的强度与刚度等。

⑤ 改进与创新　在反求已知产品的基础上进行设计的形式有三种，它们是：模仿设计、改进设计、创新设计。模仿设计没有太大的实际意义，在此就不多加讨论；改进设计是在分析原有产品的基础上对原产品的某些结构、参数、材料等进行部分的改进型设计；创新设计就是在分析原产品的基础上，抓住功能的本质，从原理方案开始进行创新设计。

在进行改进与创新时必须注意新产品与原产品的功能与成本的关系比较。应该使新产品相对于原产品保持：功能不变，降低成本；增加功能，降低成本；或增加功能，成本不变。

（2）软件反求

产品样本、技术文件、设计书、使用说明、图纸、有关规范和标准、安装说明、管理规范等均为技术软件。软件反求有两种情况，一种是既有技术软件，又有产品实物；另一种没有产品实物，只有技术软件。对于后一种，由于没有实物，所以对产品的功能实现，原理方案实施过程中可能存在的问题都是未知的，反求时首先应论证必要性与可行性。然后通过软件资料进行功能、原理、结构尺寸的分析。搞清楚产品的功能目标、工作原理、结构特性。对国外资料还要进行某些标准的转换、材料牌号的代换等。为了使反求设计顺利进行，一般先从样机开始设计，或利用计算机进行虚拟设计，以免造成不必要的浪费与失败。

（3）影像反求

根据照片、图片、影视画面、宣传广告等资料进行反求设计为影像反求。这种反求的特点是信息量少、反求难度大，要求设计者具有较丰富的设计与实践经验。这种反求设计的基本过程是，首先要收集相关资料、同类产品的资料，用于设计时进行对比与参照。其次是利用产品的外形结构特点、透视变换原理、三维信息技术、图像扫描技术、色彩判断等手段等，反求产品的结构形状、尺寸大小、工作原理以及材料等。例如，观察是否具备管道供气或供油系统来判断是否为气液传动；通过观察机器外形分析其传动系统是齿轮传动，还是蜗杆传动；根据图片的色彩以及结构的细节，能够分析其材料是金属材料，还是非金属材料等。

另外专利是一种比较特殊的影像材料，专利一般包括说明书（发明背景、内容、实施、附图），权利要求，说明书摘要等。对专利的反求，要注意判断内容的实用性、新颖性、经济性，要分析专利持有者的设计思想，研究专利中的关键技术。从分析、研究中获得启发，再从产品的功能入手，进行原理方案、结构构型的创新设计。

（4）计算机辅助反求设计

随着现代计算机技术及测量技术的发展，利用 CAD/CAM 技术、先进制造技术实现产品实物的反求工程已成研究热点。从反求工程的基本概念可以看出，反求工程的基本目的主要是复制原型和进行与原型有关的制造，包括"三维重构"和"反求制造"两个阶段。在这两个阶段应用计算机辅助技术，可以大大减少人工劳动，有效缩短设计、制造周期，尤其对一些有很多复杂曲线、曲面的零件，很难靠人工绘图的方法去拟合和拼接出原来的曲面，例如离心泵叶轮、涡轮增压器叶轮的三维曲面、汽车车身外形曲面等。如果利用计算机技术和现代测量技术就可以精确测出其特征点，从而实现精确反求。

计算机辅助反求设计可以分为以下几个步骤：数据的采集也可以称为对象的数字化；数据的处理；CAD 模型的建立；产品功能模拟及再设计、后处理等。

6.3　反求实例分析

6.3.1　原理方案的反求实例

图 6-7(a) 是常规型游梁抽油机。对其进行机构结构分析得知，它是一个曲柄摇杆机构。分析其工作原理可知，它是利用了杠杆原理，将曲柄的快速转动转换为抽油杆的低速上下往复移动，完成抽油工作。对其进行受力分析发现，当抽油时，抽油杆上升，此时曲柄克服抽油的工作阻力与抽油杆的重量，致使连杆受拉；当返回时，抽油杆下降，导致驴头下摆，同样致使连杆受拉，如图（b）所示。

根据连杆在机构的一个运动循环中始终受拉的结果，完全可以用柔性构件代替原来的刚性构件，去掉游梁和驴头，采用无游梁式简单结构。这样可以使整机的重量减轻，成本降低，并且调节冲程方便。图 6-8 所示为无游梁式抽油机，其中图（a）是链条驱动式，图（b）是液压驱动式。

6.3.2　机构构型的反求实例

电脑刺绣技术的典型产品有日本田岛的 TMEF 系列，其挑线刺布机构简图如图 6-9

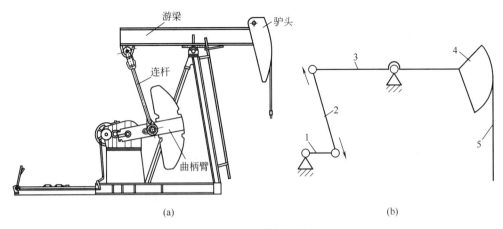

(a)   (b)

图 6-7　常规型游梁抽油机

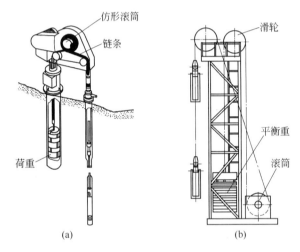

(a)   (b)

图 6-8　无游梁式抽油机

所示，1988 年上海某公司引进了该技术。由于 TMEF 的产品在一些国家申请了专利，所以上海这家公司的产品很难进入国际市场。针对这种情况，上海该公司提出了机构的改进设计，以生产新型的电脑多头绣花机系列产品。因为 TMEF 的产品专利申请建立在使用凸轮机构实现挑线的基础上，所以设计新产品时应尽量避免使用凸轮。

　　该公司系统地分析、研究了机构中各部分功能对应的运动关系，如刺布对应机针的上下运动；挑线对应挑线杆供线与收线；钩线和送布对应梭

子钩线和推动缝料。将普通家用缝纫机的各种相关运动机构与 TMEF 产品的相应机构进行比较，如图 6-10 与图 6-11 所示；然后运用自行开发的概念设计平台在各类原始方案的基础上研制出多种新的方案，如图 6-12 与图 6-13 所示；最后运用评价系统对各种方案进行评价、排序。创造出新型的挑线刺布机构，如图 6-14 所示。经样机试验表明，改进的机构具有较好的运动平稳性。

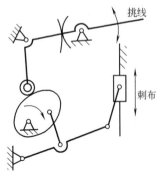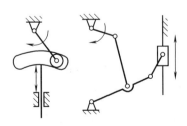

图 6-9　TMEF 挑线刺布机构简图　　　　　　图 6-10　原始刺布机构

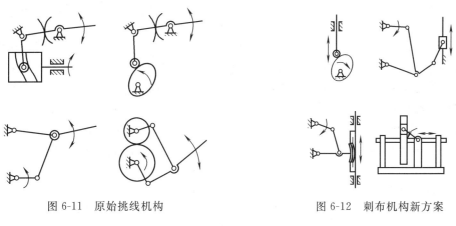

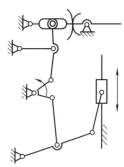

图 6-11　原始挑线机构 　　　　　　　　　图 6-12　刺布机构新方案

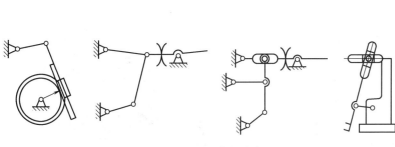

图 6-13　挑线机构新方案 　　　　　　图 6-14　新型挑线
　　　　　　　　　　　　　　　　　　　刺布机构简图

6.3.3　实物反求实例

振动筛分机是一种用途广泛的振动机械，主要用于煤炭、矿石、石料等工业原料的筛分分级。同时垃圾的分选也缺少不了振动筛分机的应用。它的作用是承担垃圾的"粒度"分选和"密度"分选，以便使其适于处理工艺的要求。

从目前国内外研究的动向看，一方面致力于对现有的筛分机的运动分析和结构调整；另一方面瞄准新颖的设计目标，寻求更加合理的结构形式、动力学配置和动力学参数，两方面研究的目标是一致的，就是进一步提高筛分的效率，降低能耗，并尽可能地延长筛分机的使用寿命。

图 6-15 所示是进口筛分机的结构简图。针对这样一台机器的反求，首先应该分析其

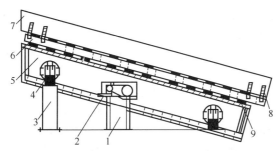

图 6-15　筛分机的结构简图

1—电机架；2—激振器；3—支腿；4—橡胶弹簧；5—下筛筐；
6—槽钢；7—上筛筐；8—筛网夹紧件；9—橡胶块

组成、工作性能以及关键性技术。然后进行试车以及重要性能的测试。最后才能进一步进行改进与创新，实现国产化。

分析组成情况如图 6-15 所示。该筛分机与普通振动筛的不同地方是：其筛网由一块块的聚氨酯筛网拼接而成，筛网两头通过筛网夹紧件 8 分别固定在筛筐上和槽钢之间，下筛筐由橡胶弹簧 4 支承，上下筛筐与槽钢之间用多个橡胶块 9 连接，这些橡胶块也起了弹簧的作用。激振器安装在下筛筐上，当激振器旋转时，由于筛筐和槽钢运动的耦合，使得筛筐与槽钢的运动不一样，由于每块筛网的两端分别固定在筛筐与槽钢上，这就使得筛网不只是作圆运动，而且还做不同程度的抖动，使物料不容易粘在筛网上，提高了筛分的效率。

为了验证分析的结论，建立了振动筛分机工作的力学模型，如图 6-16 所示。并利用 ADAMS 软件进行了虚拟样机的设计与动力学分析。图 6-17 所示为虚拟样机。将实测的近似参数，如弹簧刚度、总质量、隔振系统的频率比等，输入到计算机中，进行模拟分析，其结果如图 6-18 所示，可以证明分析的结论完全正确。

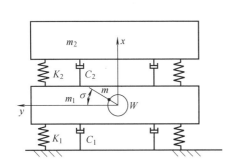

图 6-16　双质体振动筛的力学模型

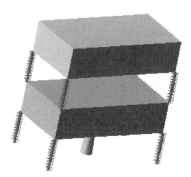

图 6-17　双质体振动筛的虚拟样机

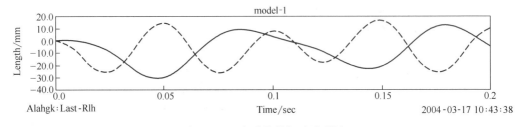

图 6-18　两个质体的振动波形图

由模拟分析的仿真图形可以看出，上下质体的振动存在相位差、频率差、以及振幅差。由此可以造成筛网的圆振动与抖动。

在分析与测试的基础上，进行了小型样机的改进设计。对局部结构进行了改进，并制造出小型样机，利用振动测试试验仪对小型实体样机进行测试，其双质体振动结果如图 6-19 所示，达到了预期效果。

6.3.4　精度反求实例

超越离合器（如图 6-20 所示）具有高速、无级、平稳等优点，被广泛用于纺织、印刷等各类机械。楔角 α 是超越离合器的最基本参数之一，影响离合器的性能和寿命。楔角过大不能保证正常工作，过小则无法解楔，即在外力矩为零时不能自动脱开。作为超越离合器的关键零件，内星轮的结构参数对楔角的影响很大，且由于高速运转而极易磨损，反

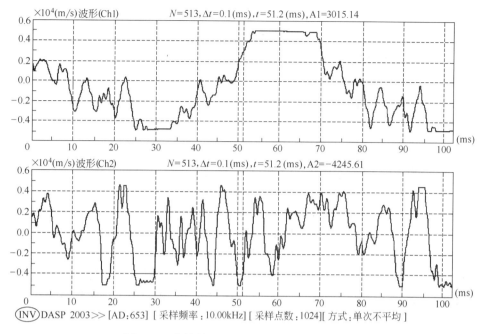

图 6-19   实体样机两个质体双通道分析结果图

求时其精度设计问题不容忽视。按照一般手册规定，内星轮平面到中心的距离 S 采用基轴制，这样的公差值布置方向使楔角增大，将有可能超出许用的最大楔角。经过精度分析以后，采用 K6 公差带可使楔角在许用的 $6°\sim7°$ 的范围。并且公差确定后经校核在极限偏差下，当滚子处于极限位置时，仍与外圈有一定间隙。这样即使在同轴度误差较大时也不会发生咬死现象。

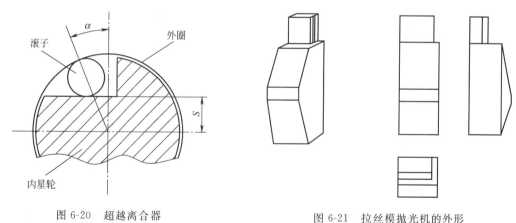

图 6-20   超越离合器

图 6-21   拉丝模抛光机的外形

6.3.5   图像资料的反求设计实例

20 世纪 80 年代，国内某大学与工厂合作，根据国外拉丝模抛光机产品说明书上的图片进行反求设计。反求时，先对产品图片进行投影处理，其拉丝模抛光机的外型和分解透视图如图 6-21 所示。产品说明书中给出了相关的运动参数，拉丝模的回转速度为 850r/min，抛光丝的往复移动速度为 $100\sim1000$ m/min，据此反求出箱体内的传动系统如图 6-22 所示。拉丝模的回转运动通过异步电动机和一级带传动来实现。传动比按电动机速度

6

反求设计与创新

137

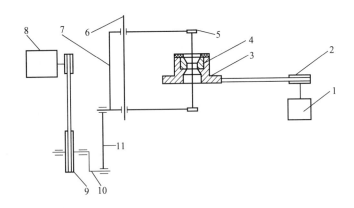

图 6-22 拉丝模抛光机的传动系统

1—异步电动机；2—带传动；3—工件定位板；4—工件；5—抛光丝夹头；

6—导轨；7—往复架；8—直流调速电动机；9—带传动；10—曲柄；11—连杆

与拉丝模的回转速度的比值选择。抛光丝的往复移动通过曲柄滑块机构和带传动的串联来实现，选择直流调速电动机调速。这样反求设计的拉丝模抛光机不仅达到了国外同类产品的水平，其价格也仅为进口价格的三分之一。

习题

6-1　根据图 6-23 所示的几种减速器外观形状，运用反求设计方法描述出内部传动系统的结构。

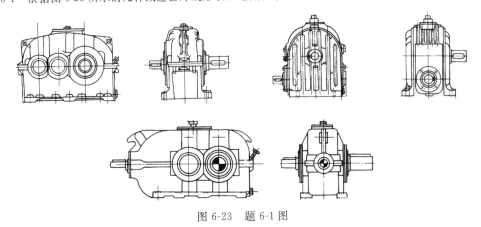

图 6-23　题 6-1 图

6-2　简述关键技术反求的内容与意义。并根据自己的情况，描述你所熟悉的某产品的关键技术问题。

6-3　使用圆珠笔（或签字笔）时，按一下尾部，笔尖露出，用完后再按一下笔尖缩回。请运用反求设计方法设计出内部结构。并可拆卸该笔，与实际结构进行比较。

7 典型机械的创新与进化

7.1 机 床

机床是制造机器的机器，被称为工作母机或工具机，图 7-1 所示为各种机床的图片。

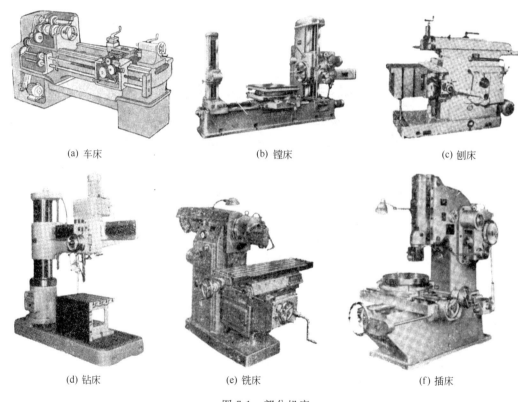

(a) 车床   (b) 镗床   (c) 刨床

(d) 钻床   (e) 铣床   (f) 插床

图 7-1 部分机床

机器的种类虽然很多，很复杂，但组成机器的最基本成分是各种零件，而这些零件大部分是由机床加工制造出来的。机床在一般生产中约占制造机器总工作量的 40%～60%。可以看出，机床在社会发展过程中的地位与作用是很重要的。从另一方面分析，社会的发展与进步对机床又不断提出了更高的要求，高效率、高精度、高自动化的程度等。机床的产生、发展及展望就是在这样一种不断被社会拉动，又不断推动社会前进的情况下进行的。

7.1.1 机床的产生

人类在原始时期，从劳动实践中就开始初步认识到，如果要钻一个孔，就要使刀具旋转的同时向深度推进。如果要制造一个圆柱体，就需要使工件旋转的同时再拿着刀具沿工件做纵向移动。在这样一种理念的基础上，就造出了最古老的机床。图7-2所示为我国古代发明的舞钻，它利用了飞轮的惯性使钻杆旋转。图7-3所示为在古埃及国王墓碑上发现的最古老的车床图案，其中一人使工件旋转，另一人拿刀具进行切削。图7-4为我国古代车床的示意图，其中图（a）是弓弦车床；图（b）是足踏车床。

图7-2 古代的舞钻

图7-3 原始车床

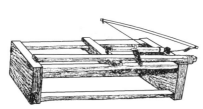

(a) 弓弦车床

(b) 足踏车床

图7-4 我国古代车床示意图

7.1.2 机床的发展

随着社会的发展，需要越来越多的新机器，为了制造这些机器，就要求加工出更精确的零件。例如制造钟表就需要螺纹，但是如果用手拿着刀具切削螺纹是很困难的。为了解决这些问题人们开始考虑制作一个支撑台，使刀具固定，从此就发明了刀架。这种刀架代替人手夹持刀具，使刀具沿着机床床身轨道做平行于加工表面的移动，解决了刀具系统不适应的矛盾。图7-5为18世纪带刀架的车床。

为了适应大量生产各类机器的需要，各类机床也陆续被创造出来。1751年为了加工水泵发明了刨床。1770年前后，瓦特制作的蒸汽机需要精确的汽缸，保证活塞与汽缸的

图7-5 18世纪带刀架的车床

图7-6 18世纪的镗床

间隙要求。这时就发明了镗床（图 7-6），保证了使直径 650mm 的汽缸的加工精度达到 1mm 左右。

到了 19 世纪初发明了铣床，19 世纪中发展成基本上具有现代结构的万能铣床。19 世纪末，为了加工经过热处理后硬度高的工件又发明了各种磨床。为了适应军火、自行车、缝纫机等专用产品的需要，又发明了各种专用机床、自动机床。为了适应各种大型设备，如汽轮机、轧钢机等，又发明了各种大型机床。到了 20 世纪初，为了进一步提高加工质量与精度，又发明了坐标镗床等高精度机床。

关于机床的传动系统的发展也是逐步进行的，由齿轮变速箱代替了皮带塔轮传动。图 7-7 表示了 20 世纪初机床传动系统的演化过程示意图。

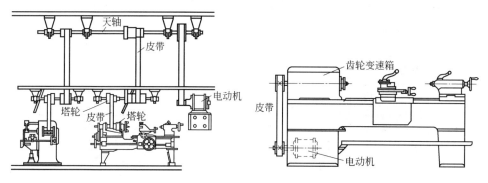

图 7-7　机床传动系统的演化过程

从机床的发展可以明显地看出创新受社会发展的拉动作用，以及创新对社会发展的推动与影响。

7.1.3　现代机床与展望

现代机床从功能、规模、效率、精度、切削方式等方面都有了很大的发展。

（1）组合机床

运用组合方法发明了各种多功能组合机床，使机床系统中各子系统的资源得到充分的利用，使加工工序缩短，提高了加工效率。组合机床一般采用多轴、多刀、多工序、多面、多工位、同时加工。在组合机床上可以完成钻孔、扩孔、铰孔、镗孔、攻丝、车削、铣削、磨削等工序。组合机床系列化的通用部件和标准件约占 70%～80%，当加工对象变更时，可以充分变换和利用这些通用部件。而专用部件，如夹具、特种需要的床身、导向板等只占 20%～30%。图 7-8 所示为卧式及立式组合机床的示意图。

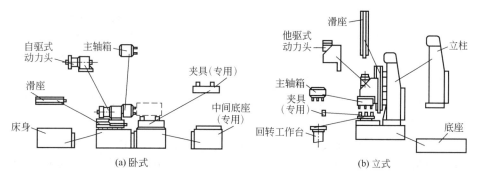

图 7-8　组合机床示意图

（2）大型机床

体积与质量大是大型机床的主要特征，这样就容易导致运动导轨接触面的压力增大，影响了运动的灵敏性，增大了摩擦力，从而引起较大的动力消耗。为了解决这一问题，就发明了大型机床专用的卸载装置，以及静压导轨。

图7-9所示为机械式导轨卸载装置。适当拧动调节螺钉，利用压缩碟形弹簧的弹力，并通过支承辊抵消工作台压在床身导轨面上的部分作用力，同时采用滑动摩擦代替滚动摩擦，使工作台运动灵活，也减小了导轨接触面的摩擦。

图7-10所示为一种静压导轨结构示意图。从油泵中打出压力油，经过截流阀注入到导轨的油腔中。由于油压的作用，使导轨接触面间的油膜压力足以达到平衡工作台的重量，从而保证了完全的液体滑动，摩擦力减小，运动灵活，并且抗振性能良好。

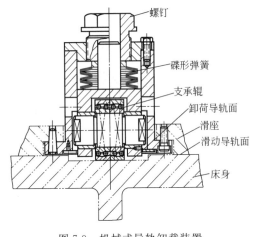

图7-9　机械式导轨卸载装置

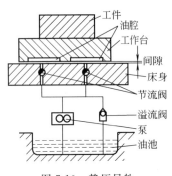

图7-10　静压导轨

（3）高精度机床

随着科技的发展，对机械产品的精度要求越来越高，例如宇宙飞行用的陀螺仪中的30mm的球形转子，要求其不圆度不大于$0.12\mu m$；导弹控制系统的齿轮传动允许误差只有几秒。这些高精度的零件当然需要高精度机床来加工。

高精度机床除本身具有高精度以外，还附加了一些特殊的校正、测量与定位装置。例如在坐标镗床上最常见的坐标定位装置是，带校正尺的精密丝杠定位装置，以及精密刻度尺加光屏读数器的定位装置。

图7-11所示为带校正尺的精密丝杠定位装置。工作台的移动由固定在床身上的精密丝杠9带动固定在工作台上的螺母4来实现的。工作台的移动量可直接从刻度盘7与游标盘8上读出。由于精密丝杠9的精度影响，不能直接利用它来获取准确的定位，所以就利用校正尺来消除螺距的累积误差。校正尺3固定在工作台的侧面，其表面的曲线形状是根据实测的螺距误差按比例放大150倍后制作的。当移动工作台时，压在校正尺工作表面上的杠杆1就绕传动杆2做微小的摆动，通过传动杆2和杆5使游标盘8摆动一个角度，刻度盘7就随之校准一个角度，使工作台获得一个附加的移动量，从而校正了丝杠螺距的误差。弹簧6的作用是消除杠杆系统中的间隙。

图7-12是滚齿机上利用凸轮（凸轮未画出）消除传动误差的校正机构。工作台在蜗轮带动下转动时，校正凸轮将推动滚子3绕4轴摆动，并通过杠杆5，使推杆6和齿条7移动，从而使齿轮8转动。经过齿轮9～15以及差动轮系，使轴13产生了附加的转动。

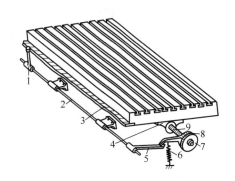

图 7-11　带校正尺的精密丝杠定位装置

1—杠杆；2—传动杆；3—校正尺；4—螺母；5—杆；
6—弹簧；7—刻度盘；8—游标盘；9—精密丝杠

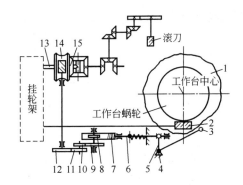

图 7-12　消除滚齿机传动误差的校正机构

1—校正凸轮；2—蜗杆；3—滚子；4—轴；5—杠杆；
6—推杆；7—齿条；8～12—齿轮；13—蜗轮轴；
14—蜗轮；15—圆锥齿轮

再经由挂轮架及蜗杆 2 传至工作台蜗轮，使工件产生附加转动，以达到消除传动误差的目的。

（4）特种加工机床

随着工件形状的复杂以及材料的特殊性能（高硬度材料及高脆性材料），引入了电加工、超声波加工的方法，为机床开辟了新的领域。

图 7-13 是电火花加工的原理，其基本原理是利用火花放电时能烧毁金属表面的电蚀现象进行加工金属的。加工时将工具电极（阴极）和工件（阳极）浸入液体介质（如煤油）中，两极间接通脉冲电压，当两极间隙为几微米至几十微米时，两极间击穿，使金属熔化或气化，被工作液循环系统带走。不断地使工具电极向

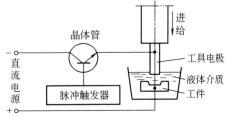

图 7-13　电火花加工原理

工件做进给运动，就能将工具的形状准确地复制在工件上，完成了加工过程。线切割机就是利用电火花加工机床的一个重要品种。

图 7-14 所示是利用电解原理进行磨削的示意图。电解加工原理是利用阳极溶解现象对金属进行加工的。加工时，工件接阳极，工具接阴极，当工具以一定的速度进给时，工件就被腐蚀，再用电解液冲刷掉腐蚀物，也就完成了对工件加工。图 7-14 的电解磨削机床在加工时，由于几乎没有磨削力和磨削热，也就避免了裂纹、烧伤、变形等缺陷。

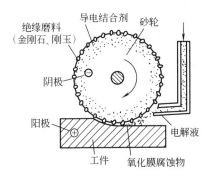

图 7-14　电解磨削机床

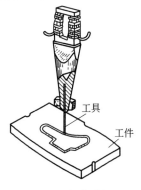

图 7-15　超声波加工

图 7-15 是超声波加工示意图。其加工原理是，高频发生器将高频电能不断地输送给能量变换器，并将其转换成同一频率或成倍频率的机械振动，再由扩大器传给工具，使工具产生高能量的高频振荡，发生超声波。同时，在工具与工件间不断加入液体磨料，使其在超声振荡作用下，产生高速的力量冲击，完成加工。

（5）并联机床

传统机床属于串联式结构，由主运动机构、进给运动机构、辅助机构、床身等组成，床身、主轴等以承受弯曲应力为主，再加上移动部件质量大，所以系统刚度低，不能满足高速、高精度的加工要求。并联机床的出现完全颠覆了传统机床的设计原理与基本结构，它融入了机器人的结构，采用并联的杆机构连接工作台与刀具平台，如图 7-16（a）所示。每个杆只承受拉压应力，没有弯曲应力，提高了刚度；每个杆由单独的滚珠丝杠或直线电机控制，可实现空间多个自由度的运动，大大提高了运动及控制精度。并联机床首次出现在 1994 年芝加哥国际机床展览会上，目前已进入实用阶段，主要用于汽车业、航空业和模具业。图 7-16（b）所示的六杆并联铣床，主要用于高速铣削涡轮机叶片和各种压注模具，其闭环刚度是传统机床的 5 倍。

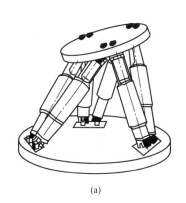
（a）

（b）

图 7-16　并联机床

（6）快速原型制造

快速原型制造是 20 世纪 80 年代中后期发展起来的，它融合了多学科技术的最新发展，是制造技术领域的又一次重大创新。首先将 CAD 建立的三维模型沿一定方向离散成一系列有序的二维层片；再根据每层轮廓信息，进行工艺规划，选择加工参数，自动生成数控代码；根据不同材料的特性选择不同的成型方法，完成一系列层片并自动将它们连接起来，得到三维实体。图 7-17 所示是选择性液体固化的基本原理，将激光聚集到液态光固化材料（如光固化树脂）表面逐点扫描，令其有规律地固化，由点到线到面，完成一个层面的建造。而后升降移动一个层片厚度的距离，重新覆盖一层液态材料，进行第二层扫描，再建造一个层面，第二层就牢固地粘贴到第一层上，由此层层叠加成为一个三维实体。可以看出，这一创新采用的是逆向思维的方式，传统的加工技术大多是通过去除材料完成的，而快

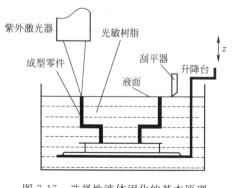

图 7-17　选择性液体固化的基本原理

速原型制造正好相反，它是采用离散堆积的思想。与传统的数控机床相比具有以下优点：具有高度柔性，可以制造任意形状的三维实体；成型过程无需专用夹具或刀具；CAD模型直接驱动，设计制造高度一体化；成型过程自动、快速，适合现代激烈竞争的市场需要。

（7）先进制造系统

20世纪50年代数控技术NC(numerical control)出现，将机床的手动控制发展为数字化信息控制，在随后的发展过程中，自动控制的柔性越来越强、范围越来越大、集成化程度越来越高，由单台机床加工发展为先进的制造系统。

由于早期的计算机成本很高，出现了DNC(direct numerical control/distributed numerical control)技术，即直接数控/分布式数控，就是由一台计算机通过RS232串口控制几台数控机床，这种控制仅限于发送及上传数控加工代码。随着计算机的普及应用，数控技术发展为计算机数控CNC(computer numerical control)，基本都支持DNC技术。

随着汽车工业的发展，出现了大量由多台数控机床组成的自动化生产线，这种生产线产品单一，适合大批量生产，生产效率很高。但是随着人们生活水平的提高，对产品多样化、个性化的要求越来越高，出现了更多的中小批量的生产，这样原有的刚性生产线逐步向柔性生产线FML(flexible manufacturing line)以至柔性制造系统FMS(flexible manufacturing system)发展。柔性制造系统由两台或两台以上的数控机床或加工中心所组成，配有工件自动上下料装置（如托盘交换装置、机器人）、自动输送装置、自动化仓库等，由计算机控制系统进行加工控制、计划调度安排及工况监测。柔性生产线是将FMS中的各机床按工艺过程布局，可以有生产节拍，但是节拍可变的加工生产线，是刚性自动线与柔性制造系统的一种结合。

柔性制造系统还是车间级的制造系统，它与整个工厂的经营管理、质量控制、物料资源计划等生产的各个环节进行集成，成为自动化程度更高的计算机集成制造系统CIMS(computer integrated manufacturing system)。它将整个制造企业生产活动的各个环节，即从市场分析、经营决策、工程设计、制造过程、质量控制、生产指挥到售后服务，互相紧密联系成一个不可分割的整体，是工厂级的先进制造系统。CIMS更加注重信息的集成，将整个制造过程本质上抽象成一个数据收集、传递、加工和利用的过程，将最终产品看作是数据的物化表现。

7.2 动 力 机

凡是将自然界中的能量转换为机械能的机械装置称为动力机械或设备。例如汽轮机、燃气轮机、内燃机、水轮机、风力机等都是典型的动力机械。动力机械在社会发展中的地位是显著的。18世纪60年代出现了第一代动力机械——蒸汽机，引发了工业革命，促进了社会的大发展，人类社会开始进入工业化时代。

19世纪90年代出现了内燃机、蒸汽轮机和发电机，而蒸汽机因笨重和热效率低下逐步被淘汰。内燃机迅速在运输动力、军事装备和移动式动力中占优势。蒸汽轮机电站的出现又使电能在生产领域和生活领域普遍应用，机械化、电气化、自动化迅速普及，人类真正进入到大工业化时代。

本节着重就蒸汽机、内燃机的发生、发展以及展望进行讨论。从中可以看出创新对社会与人类发展的积极作用。

7.2.1 蒸汽机

(1) 原始蒸汽机

17世纪末，法国技师巴本制成了世界第一台蒸汽机。其工作原理是，通过向汽缸里注水并加热，水蒸气将活塞推上去，当活塞被推到汽缸顶部时再撤热，然后使缸内蒸汽冷却，大气压力便将活塞推下来。该蒸汽机虽然很原始，但就其具备汽缸与活塞来说是具有划时代意义的。

(2) 实用蒸汽机

18世纪初，英国的纽科门为了解决矿井积水的问题研制了实用型蒸汽机，用来抽水。该蒸汽机除了具备汽缸与活塞外，汽缸中设有阀门，还配有一个锅炉。阀门打开，锅炉中的蒸汽进入活塞下的汽缸空间，推动活塞向上运行。当活塞移动到顶部时，关闭蒸汽阀门，另一个阀门打开，同时向汽缸外壁喷冷水。冷水使蒸汽冷凝，并使汽缸内形成真空，致使活塞上端受大气压力而被向下推动。

(3) 改进型蒸汽机

纽科门的蒸汽机效率低下，尽管如此也用了60余年。后来瓦特分析了这种蒸汽机的缺点，对它进行了两次的改进。第一次是针对汽缸体冷热频繁转换，耗费热能的问题进行改造。它用冷凝器代替向缸体喷冷水，当活塞运动到顶部时，关闭蒸汽阀门的同时打开冷凝器的阀门，使汽缸内蒸汽压力消失，并冷凝形成真空。经过这样的改进，使蒸汽机的热效率提高了3倍，耗煤量节约了1/4。第二次改进是，增加了连杆与曲轴的结构，使活塞的移动转换为曲轴的转动；并且还发明了世界上最早的自动控制系统，自动调节蒸汽流量，使机器运行速度保持恒定。瓦特的两次改进于1784年完成，由于瓦特的改造使蒸汽机更广泛地应用于工业生产。

7.2.2 内燃机

早在蒸汽机问世前就有人曾设想过在汽缸内直接燃爆，致使汽缸内气体膨胀推动活塞运动。但由于瓦特蒸汽机的广泛使用影响了这种设想的进一步发展。尽管如此，内燃机还是十分具有吸引力的。因为内燃机不像蒸汽机那样需要锅炉和烧煤，这样就可以使体积与重量都减小，还可以随意移动。

(1) 内燃机的能量转换

由热能转换成机械能是内燃机的主要功能，但产生热能的关键是点火装置。

最初的内燃机是采用煤气和空气的混合气体代替蒸汽机中的蒸汽，通过电火花点火爆发而产生动力，推动活塞。后来又发明了采用白热管点火法点燃汽油蒸汽，并且还附有化油器与空气冷却装置。再后来德国的狄塞尔提出了在被压缩的空气中注入燃料会自然点火的理论，并研制了这种新型内燃机。其工作原理是，汽缸吸入空气，然后压缩空气，注油泵在瞬间注入一定量的石油到被压缩了的空气中，石油接触到被压缩的高温空气就会自然点火。这种机器的特点是任何种类的石油产品（汽油、柴油等）都可以使其顺利运转。

不管是采用何种点火装置，能量的转换过程分为四个阶段，即内燃机的四个冲程：进气、压缩、燃烧-膨胀、排气，如图7-18所示。

(2) 内燃机的运动变换

连杆活塞式内燃机的运动变换是由活塞的移动转变为曲轴的转动。主要活动构件有活塞、连杆、曲轴，布置形式有正置式、偏置式、主副连杆式和天平杆式4种，见图7-19。

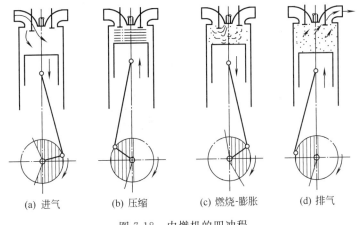

(a) 进气　　　　(b) 压缩　　　　(c) 燃烧-膨胀　　　(d) 排气

图 7-18　内燃机的四冲程

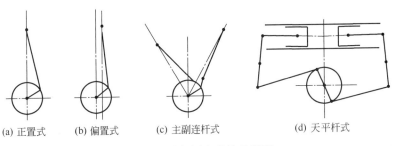

(a) 正置式　　　(b) 偏置式　　　(c) 主副连杆式　　　(d) 天平杆式

图 7-19　连杆活塞机构示意图

然后由这 4 种基本形式再组成单列式、单轴多列式、对向活塞式等多轴多列式的各种结构形式内燃机。

　　凸轮活塞式内燃机的运动变换是由推杆式活塞的移动直接转变为圆柱凸轮的转动，即为一种反凸轮机构。它可以通过改变凸轮轮廓曲线的形状，改变输出轴转速，实现减速增矩的目的。这种内燃机活动构件数量减少、结构简单、成本降低，常被称为无曲轴式活塞发动机，见图 7-20。

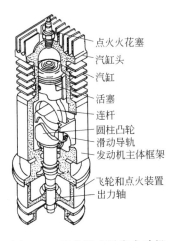

点火火花塞
汽缸头
汽缸
活塞
连杆
圆柱凸轮
滑动导轨
发动机主体框架
飞轮和点火装置
出力轴

图 7-20　无曲轴式活塞发动机

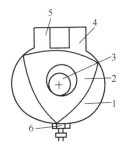

5
4
3
2
1
6

图 7-21　旋转式发动机示意图

1—汽缸；2—三角形转子；3—外齿轮；
4—进气口；5—排气口；6—火花塞

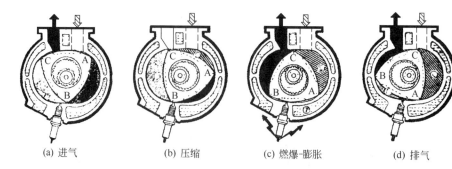

| (a) 进气 | (b) 压缩 | (c) 燃爆-膨胀 | (d) 排气 |

图 7-22　旋转式发动机的四个冲程

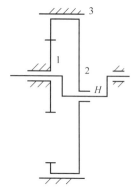

图 7-23　行星齿轮机构

旋转式活塞内燃机的汽缸是椭圆形的容器，活塞是由三段外旋轮曲线组成的三角形转子，如图 7-21 所示。该发动机同样具有进气、压缩、燃爆-膨胀、排气的四个动作，如图 7-22 所示。

这种发动机的特点是，三角形转子一方面作为活塞与椭圆形汽缸构成变化的空间，另一方面它的三段曲线表面还兼做开关进排气阀门的功能，可以大大节省机器的构件数量，使结构简单。

另外动力的输出采用内啮合行星齿轮机构，如图 7-23 所示。三角转子相当于行星齿轮 2，系杆 H 是发动机的输出轴。若 $z_2/z_1=1.5$，则 $n_H/n_2=3$。说明转子旋转一周，输出轴将旋转 3 周，获得较高的转速输出，并且有害气体的排放量有所减少。

7.3　机　器　人

机器人是 20 世纪中后期发展起来的一种跨学科的高科技产品，它涉及机构运动学、动力学、传感、控制、驱动、材料、人工智能等多门学科，已形成机器人工程这一专门研究领域。机器人的"成长"过程就是计算机、传感器和各种机构等系统的创造、改进与综合配置的过程。1979 年联合国标准化组织采纳了美国机器人协会给机器人下的定义是："一种可编程的多功能，用来搬运材料、零件、工具的操作机；或是为了执行不同的任务而具有可改变的和可编程动作的专门系统。"据相关专家预测，21 世纪将是机器人技术革命的世纪。

7.3.1　工业机器人

工业机器人主要进行焊接、装配、搬运、加工、喷涂、码垛等复杂作业。机器人的应用主要有两种方式，一种是机器人工作单元，另一种是带有机器人的自动生产线。在发达国家机器人自动化生产线已经形成一个巨大的产业。

（1）工业机器人的组成

工业机器人由机械系统、控制系统、驱动系统组成，如图 7-24 所示。

机械系统又称为操作系统，是工业机器人的执行机构。可分为基座、腰部、臂部、腕部和手部（末端）等。分析时可简化为连杆与关节，见图 7-24(b)。

其中末端即手部是直接参加工作部分，可以使用各种夹持器，也可以用各种工具，如

 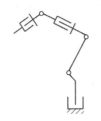  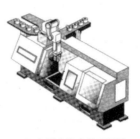

(a) 机器人本体　　(b) 6R机器人机构简图　　(c) 控制系统　　(d) 机器人生产线示意图

图 7-24　工业机器人

焊枪、喷头等。工作不仅要求末端达到指定的位置，还要求沿正确的方向达到指定位置。

控制系统由计算机组成，一般分为两个部分：一部分是控制计算机，它在系统软件的支持下，实现对应用软件的编译，相邻基点的插补运算，各点的运动学、动力学综合，对操作及作业对象的信息采集处理，以及对整个系统的故障检测诊断和预报。另一部分是伺服控制器，它接受位移、速度及驱动的指令，实现对臂杆的加速和闭环伺服控制，见图7-24（c）。

驱动系统包括驱动器和传动系统。驱动器有电机驱动（直流伺服电机、交流伺服电机、步进电机）和液压气动驱动。

传动系统，机器人对传动系统要求具有结构紧凑、体积小、重量轻、无间隙、反应快的特点。传动机构种类很多，按性能可分为：固定速比式和无级变速式；按运动方式可分为：回转-回转，回转-直线，直线-回转，直线-直线。驱动系统与传动系统均安装在机器人的各个关节中。

现代机器人除以上三大部分外，还应包括智能系统，它由感知和决策两部分组成。前者主要是传感器组，后者靠运行软件实现。

（2）工业机器人的坐标型式

直角坐标型，又称为直移型。其三个基本关节均为移动关节，即实现升降、伸缩和平移动作。其末端轨迹可以是直线、矩形或长方体。该结构简单，运动直观性强，便于提高精度。但占据空间大，工作范围小。约占机器人总产量的 14％ 左右，如图 7-25（a）所示。

圆柱坐标型，又称为回转型。其三个基本关节中，两个为移动关节，一个为转动关节。其末端轨迹可以是圆弧、扇形平面、圆柱面或空心圆柱面。该结构运动直观性强、占据空间小、结构紧凑、工作范围大。但受升降机构的限制，一般不能提升地面上较低位置

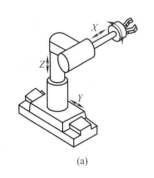

(a)　　　　　　　　(b)　　　　　　　　(c)

图 7-25　工业机器人的坐标型式

的工件。约占机器人总产量的 47% 左右，如图 7-25(b) 所示。

球坐标型，又称为俯仰型。其三个基本关节中，两个为转动关节，一个为移动关节，其末端轨迹是一个空心球体。该结构与圆柱坐标型相比，在占据同样空间下工作范围扩大了，由于具有俯仰自由度，可以完成从地面提取工件。但运动直观性差，结构复杂，臂端位置误差会随臂的伸长而放大。约占机器人总产量的 13% 左右，如图 7-25(c) 所示。

关节坐标型，其主体结构有三个转动自由度，即腰关节、肩关节、肘关节。它是一种广泛化使用的拟人化机器人，该结构占据空间小，而工作范围最大，其末端轨迹为球体。它还可以绕过障碍物提取和运送工件，但运动直观性差，驱动控制较复杂。约占机器人总产量的 25% 左右，如图 7-24(a) 所示。

（3）工业机器人关节

① 平移关节　要求无间隙、高刚度、摩擦系数小、惯量小、稳定、结构紧凑。常采用滚动直线导轨、直线轴承、滚珠花键、固定轴滚动支撑等。

② 转动关节　要求无间隙、高刚度、摩擦系数小、惯量小、稳定、结构紧凑。常采用滚动轴承（要求滚道合理、重量轻、强度好、弹性模量高、精度高），或薄壁大直径轴承，或小位移运动副（见图 7-26）等。因为在机器人工作中有许多频繁小位移运动场合，为适应这一条件，并保持较高的位置精度，小位移运动副必须有一定的柔性。因此许多小位移机构都是采用弹性变形的原理实现的。常用的有平板弹簧以及金属-橡胶叠片式两类。

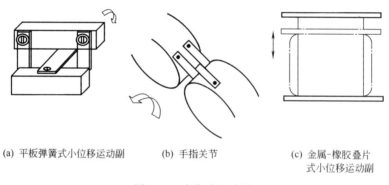

(a) 平板弹簧式小位移运动副　　(b) 手指关节　　(c) 金属-橡胶叠片式小位移运动副

图 7-26　小位移运动副

（4）工业机器人传动元件

普通齿轮传动、谐波齿轮传动、摆线针轮行星传动、滚珠丝杠、滚动导轨、链传动、齿形带传动、钢带传动、钢丝绳传动、柔性轴、薄壁轴承等。

（5）工业机器人的结构特点

操作机的结构刚度差，因为连杆系末端是无法加以支承的，并且随连杆系在空间位姿的变化而变化。

操作机的运动灵活。因为每个连杆都具有独立的驱动器，各连杆之间的运动各自独立，互不约束。

对传动系统的刚度、间隙和运动精度要求高。因为连杆的控制属于伺服控制型，连杆驱动转矩的瞬态过程的变化是非常复杂的，并且与执行件反馈信号有关。极容易发生振动与不稳定现象。因为连杆的受力状态、刚度条件和动态性能都随位姿的变化而变化。

机器人性能良好的体现为抓重与自重的比值尽量大。人类的手臂质量为 4~9kg，抓重为 15～25kg，则（抓重/自重）＝3～4。但机器人，（抓重/自重）＝1/20。

结构静态刚度尽可能好。有利于提高末端的定位精度，对编程轨迹的跟踪精度，降低对控制系统的要求与造价等。

尽量提高系统的固有频率和改善系统的动态性能。其目的在于避开机器人的工作频率，有利于系统的稳定。

（6）工业机器人的基本参数及其特性

① 工作空间　指机器人臂杆特定部位在一定条件下所能达到空间位置的集合。

② 自由度　$F=\sum f_i$（式中 f_i 为每个关节的自由度，末端自由度不计）一般工业用机器人具有 4～6 个自由度。当自由度增加到超过末端定位需要时，便出现了冗余自由度。冗余自由度的存在增加了工作的灵活性，但也增加了编程的难度，并使机器的结构刚度与运动精度下降，如图 7-27 所示。

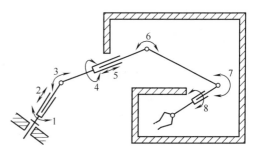

图 7-27　具有冗余自由度的操作机构的应用

③ 有效负载　指操作机在工作时臂端可能搬运物体的重量或所能承受的力及转矩。机器人的有效负载除受到驱动功率的限制外，还受到材料、环境、运动参数（如速度、加速度及其方向）的限制。如图 7-28 所示的加拿大手臂，用于航天飞机上的机器人，额定搬运质量为 14500kg，在运动速度较低情况下能达到 29500kg。然而，这种负荷能力只有在太空中失重条件下才有可能达到。在地球上，该手臂本身重量达 410kg，连自重引起的臂杆变形都无法承受。

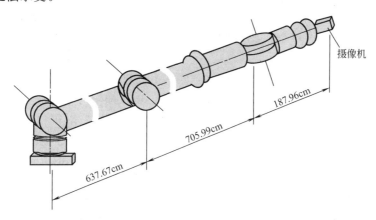

图 7-28　加拿大手臂

④ 运动精度　机器人机械系统精度涉及位置精度、重复位置精度和系统分辨率。位置精度是指操作机臂端定位误差的大小，它与系统分辨率、机械系统的结构间隙、臂杆变形等有关；重复位置精度是指手臂端点实际到达位置分布曲线的宽度；系统分辨率主要取决于反馈传感器的分辨率，它代表了所能识别的可控制运动变化的最小单位。

⑤ 速度　速度和加速度是表明机器人运动特性的主要指标。最大加速度受到驱动功率和系统刚度的限制。

⑥ 动态特性　结构动态参数常用质量、惯性矩、刚度、阻尼系数、固有频率和振动模态来表征。

7.3.2 智能机器人

智能机器人是 20 世纪 80 年代中后期发展起来的，这种机器人带有多种传感器，能够将多种传感器得到的信息进行融合，并有效地适应变化的环境，具有很强的适应能力、学习能力和自治功能。

（1）智能机器人的各部分组成

ⅰ．机器人的"大脑"就是计算机或称电脑。现在广为使用的电脑属于具有逻辑思维能力的计算机，也就是说目前机器人的大脑仅具有逻辑思维能力。但关于形象思维能力的计算机研制已经有所突破，即被称为神经计算机。若机器人采用了具有逻辑思维和形象思维的两种计算机，其大脑就会像人一样产生灵感、直觉和感情，就会成为高级智能机器人。

ⅱ．机器人的手和手臂是机器人最早发展部位。它虽然没有人手灵活，但发展趋势其功能却会超过人手。因其手指可以设计成任意指数；其手臂可以设计成任意长度或节数；握力和臂力也可以根据实际要求进行设计；触觉与灵巧性也在不断提高。现在已经研制出三指九关节灵巧手，它可完成复杂、精密的装配，进行细微的操作。

ⅲ．机器人的行走方式有轮式、履带式和步行式。前两种适合较好路面，而后一种适合较差路面。为适应各种情况，可采用几种方式并行。机器人虽处于学步阶段，但已显示出超越人的行走能力的特征，它可以在竖直平面、天花板上行走。当然这种在壁面上行走要具备吸附功能与移动功能，目前吸附多采用真空吸附与电磁吸附。我国哈尔滨科技大学研制了一种永磁吸附轮、履带复合式移动机构。

ⅳ．机器人的视觉，一般用摄像机输入图像，然后用计算机软件进行图像识别与分析、输出与显示。其主要工作是特征提取，图像分割和图像辨识。还有建立模拟生物眼系统，这是与神经计算机相配合的视觉系统。硅视网膜是新型机器眼，硅视网膜由一系列光学传感器组成，每个传感器覆盖一小部分图像区，其功能与人眼的功能十分相似。

ⅴ．机器人嗅觉，这部分内容难度较大，因它不仅与探测的化学组成有关，还与环境有关，而环境是随时变化的。但近几年已有所突破，现在开发的鼻子是依靠以电子芯片为基础的大量聚合物来鉴别各种气味，并给出数字显示的结果。它对每种气味都会产生独特的"鉴别图谱"，并以此作为判别各种气味的依据，而不必分析其化学成分。

ⅵ．机器人的皮肤，最近日本研究人员开发出表面密布传感器的人造电子皮肤，能感知外在物体的压力。这一成果可使未来机器人的"皮肤"像人的皮肤一样有感觉。

ⅶ．机器人的肌肉，日本的研究人员成功地用高分子材料的"人造肌肉"制成了一种机器鱼。这种机器鱼的游动不需要马达，而是通过电流驱动机器鱼腹部内的高分子材料来回收缩提供动力。

（2）智能机器人的分类

若按其主要功能进行分类则有以下几种。

① 水下机器人，其主要功能是进行海洋科学研究、海上石油开发、海洋资源及地质勘探、海底打捞救生以及检查海底电缆铺设和维护情况等。已经开发的水下机器人各种各样，其中自治无缆水下机器人（AUV）性能比较好。AUV 的能源来自自身携带的可充电电池、燃烧电池、闭式柴油机等可携带能源。AUV 潜水深，不怕电缆缠绕，不需要庞大的水面支持，可进入复杂的结构进行探测，并且具有安全、结构简单、尺寸小、重量轻、造价低等优点。AUV 的关键技术有，路径规划、决策、避障、导航、通讯、故障诊断

等。AUV 的工作是根据各种传感器的测量信号，由机器人载体上携带的智能决策系统自治的指挥、完成各种机动航行、定位、探测、信息收集、作业操作等任务。图 7-29 是一种仿蟹微型器，由美国罗克威尔公司与 IS 机器人公司共同研制。它可以隐藏在海浪下面，在水中行走；当风浪大时，它可以隐藏在海底的泥沙中，它可以对付水雷。

图 7-29　仿蟹微型器

图 7-30　微船微型飞行器

② 空中机器人　其主要应用在通信、气象、灾害监测、农业、地质、交通、广播电视等方面。空中机器人也有多种形式，其中仿昆虫飞行机器人已经成为机器人研究最为活跃的前沿领域。它与飞机有本质的区别，它是在空气动力学与电子机械技术的基础上，仿造蜻蜓、苍蝇等昆虫拍翅飞行的原理进行模拟与仿制的。图 7-30 所示的微船微型飞行器是由美国加州理工大学与互依伦蒙特航空公司合作开发的一种质量仅为 10g 的小型扑翼机，其机翼由微型电机系统驱动，类似蜻蜓的翅膀。能搭载卫星摄像机、声音传感器。

③ 管道机器人　又称为管道爬行器，可以沿管道内部或外部自动行走。其主要功能有：监测管道使用情况，如腐蚀、破裂、焊缝质量等；对管道进行各种作业操作，如喷涂、焊接、抛光、清扫等。其爬行原理有轮式、履带式、支脚式。工作时，机器人携带多种传感器及操作机械，在计算机或遥控装置的控制下进行各种作业操作。图 7-31 是北京高校机械创新设计大赛中大学生自行设计与制造的各种管道机器人的设计产品。

图 7-31　大学生自行设计与制造的部分管道机器人作品展示

④ 生活机器人　生活机器人主要包括医用机器人、家用服务机器人、娱乐机器人、导游机器人等。其中医用机器人主要功能是，完成复杂的诊断与手术，进行无损检测，用于护理与康复等。它们能实现高精度、高可靠性的定位操作，具有高灵巧的机械手，以及人机交互导航控制等关键性技术。娱乐机器人主要功能是用于供人欣赏、娱乐，例如各种机器人宠物、玩具等。导游机器人主要可以用多种语言解说风景、回答游客问题等。

⑤ 人形机器人　形状与人相似，具有行走、操作、感知、记忆和自治等功能。是当前智能机器人研究领域中最新的研究方向之一。图 7-32 所示为日本最新研制的人形机器人 ASIMO，它身高约 120cm，体重约 43kg，它可以像人一样挥动手臂行走，可以上下楼梯，可以测步走、倒退走，可以绕过障碍物。人形机器人将来可以代替人完成一些恶劣环

境的工作，可以充当护理、向导、守卫等工作。

⑥ 小型机器人　小型机器人有袖珍型的、微型的。在某些领域（例如生物工程、医学工程、超精密加工及测量等）具有广阔的应用前景。美国哈佛大学已成功研制出 $7\mu m$ 的血管探测器，它被植入血管后，会随血液的流动而缓慢地移动，并将遇到的沉积在血管壁上的脂肪等粉碎，使其渗出血管，进入肾脏，排出体外，使人体更加健康。我国浙江大学研制成功一种无损伤医用微型器，它能以悬浮方式进入体内，如肠道、食管等，不仅可以避免对人体各组织的损伤，而且运行速度快，速度控制也方便。上海交通大学成功研制一种由 12 个蠕动元件组成的管道内微型探测器，体积有 $35mm^3$，有 12 个自由度，由形状记忆合金与偏置弹簧组成驱动源，能实现在管内多方位运动，用于建筑物内狭窄管道的检测，如图 7-33 所示。图 7-34 所示为美国明尼苏达大学研究小组设计的小型机器人，体积比啤酒罐略小，它有两条手臂可以拖动身体，爬越楼梯或搬运物体。

图 7-32　人形机器人　　　　图 7-33　细小管道探测器　　　　图 7-34　小型机器人

7.4　自　行　车

自行车是最普通，也是使用最普遍的一种交通工具，自行车对环境污染最少，自行车不受能源危机的影响，也不会因车位问题发愁，它是每个人最熟悉的一种机械产品。希望能够从自行车的产生、演化、发展、不断开发新产品的过程中，受到某种启迪，研制出更多，但又很普通的，对人类有用的创新产品。

7.4.1　自行车的产生

人类可能受骑马的启发，联想造出一种木马，试图作为一种游戏的玩具。这样在1816 年至 1818 年法国就出现了一种两轮间用木梁连接起来的双轮车。骑车者坐在木梁上，用两腿交替蹬地来推动轮子转动，使车子前进，如图 7-35 所示。当时人们称这种"车"为"趣马"，是贵族青年的玩具。

·图 7-35　趣马　　　　　　　　图 7-36　曲柄驱动

真正意义的自行车是由苏格兰的铁匠麦克米伦于 1830 年发明的。首先要解决的是驱动问题，这是机械系统的首要问题；其次是传动问题，即如何将人的脚力传动给车轮。麦克米伦研制的自行车是在后轮上安装了曲柄，曲柄与两个脚踏板（摇杆）之间用两个连杆连接，如图 7-36 所示。骑车者只要反复地蹬踏脚踏板，就可以驱动车子前进。这是利用了杠杆原理，脚踏摇杆为主动构件，通过连杆传动给曲柄，使后轮转动。

7.4.2　自行车的演变与发展

后来人们在自行车的驱动功能上不断发展，以提高车速；又逐渐地开发出控制功能，如方向的控制、刹车的控制。在 1865 年法国人拉利门特为了提高行车的速度，将曲柄移至于前轮，用前轮驱动。并且将前轮装在可转动的车架上，后轮上有杠杆制动，如图 7-37所示。这种自行车当脚踏转动一周时，前轮随着也转动一周，行车的速度与前轮的直径成正比。于是为了提高车速，就不断加大前轮直径，并且为了减轻车的重量，在加大前轮直径的同时减小后轮的直径，如图 7-38 所示。导致使用极不方便，也不安全，最终被淘汰。

图 7-37　前轮驱动

图 7-38　提高车速

到了 1879 年，英格兰人劳森又重新考虑采用后轮驱动，并采用了链传动形式，加大传动比，避免了使用大直径车轮来提高车速，成为现代自行车的雏形，如图 7-39 所示。到 1888 年又引入充气轮胎，同时在结构上也进一步完善，如为减轻重量，采用钢管做车架；为提高效率、省力，采用了滚动轴承等。至此，经历了近百年的不断改进演变成比较完善的、基本定型的一种交通工具。

7.4.3　自行车的进一步开发

随着科技的不断发展，人们对产品的要求也越来越高，运用希望点与缺点列举法，各种新型的、多功能的、特种功能的、省力高效的自行车也不断被开发出来。

（1）传动系统

采用齿轮传动代替链传动，如图 7-40 所示。脚蹬带动齿轮，通过传动轴将运动传至后轮，提高了传动效率，避免了掉链的麻烦。

另外在链传动的自行车中也不断开发新的传动形式，如变速轮、双级链传动，用以提

图 7-39　链传动

图 7-40　齿轮传动

图 7-41　变速链传动

图 7-42　双级链传动

高车速，如图 7-41 与图 7-42 所示。另外为提高车速，还运用空气动力学原理对车的外形进行优化设计。

（2）驱动系统

为了省力，让骑车者从脚蹬中解放出来，又开发了电动自行车，用干电池作动力源，采用小巧的电动机与减速装置。也有汽油发动机自行车，但因污染较大，不太受欢迎。

（3）新材料

采用新材料可以使自行车变得更轻便，图 7-43 为全塑自行车。车架、车轮均为塑料整体结构，一次模压成型，车体呈流线型，重量轻、阻力小。采用碳纤维作车身、车架，全车无连接零件，采用高效黏合剂，既减轻了重量，又减少了振动。图 7-41 与图 7-42 均为碳纤维材料制作的。

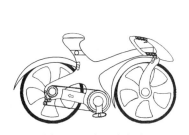

图 7-43　全塑自行车

图 7-44　休闲自行车

（4）新结构

新结构可以包括造型上的全新，如采用无横梁结构、流线外形；也包括结构上的小型化以及可折叠性，以方便外出旅游、搬运等。图 7-44 是一种休闲用的自行车，具有复古的风格，采用了银光闪闪的铬合金车架，舒适的香蕉形座椅。

（5）多功能

根据需要增加辅助功能，如车灯、气筒、饮水器、载人载物装置、无线电通话设备、手电筒支架、上坡用的电动助力装置、多人自行车设有单向离合器等。小型自行车：便于携带、可拆卸、可折叠。美国研究人员发明了一辆可享受无线电上网乐趣的自行车。这辆自行车带有一个笔记本电脑和一个无线电上网适配器。骑上这种自行车，就拥有了一个可移动的无线网络。这种自行车可以增加人们骑车旅行的乐趣，并便于骑车人之间的联络和信息交流。图 7-45 是一种巡警用的自行车，车上装有无线电通话设备、手电筒支架以及便于爬坡追击的电动助力装置。图 7-46 是一种适于极低温环境下在雪地上行进的自行车。

图 7-45　巡警用自行车

图 7-46　雪地自行车

习题

7-1　查阅相关资料，阐述计算机的产生、发展与展望。

7-2　查阅相关资料，阐述飞机的产生、发展与展望。

8 创新实例与分析

本章主要介绍了全国大学生机械创新设计大赛中的部分优秀作品。并尝试分析了这些作品在发明设计过程中是如何利用各种创新思维与创新方法的。从而可以帮助理解与掌握机械创新设计。

8.1 多功能齿动平口钳[①]

多功能齿动平口钳首先采用的创新方法是**缺点列举法**，列举了普通钳子存在的问题。如图 8-1 所示，普通钳子在夹持物体时，钳口张开呈 V 形，使得被夹持物体受有脱离钳口的分力作用，并且钳口张开越大，这个分力也就越大，因此对夹持较大物体时，这种缺点也就越明显。另外普通钳子的功能单一，若想转换功能就需要另购置不同品种的钳子，实际适用不同功能的结构主要体现在钳口上，整体更换，既造成浪费又占空间。

考虑并分析了普通钳子的这些缺点，发明者开始着手改进与创新。首先明确了钳子是利用杠杆原理手动操作夹持物体的，具有省力的特点，是由旋转运动转化为旋转运动，因而形成了 V 形钳口，若将手操作的旋转运动转换为移动就可以改变 V 形钳口的结构。这是一种属于机构运动形式转换的问题，可以采用**机构创新技法**。并从机构可实现运动形式转换功能分析，可由转动转化为移动的常用机构有：曲柄滑块机构、齿轮齿条机构、移动

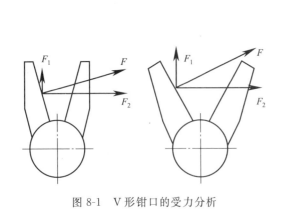

图 8-1 V 形钳口的受力分析

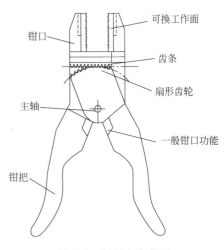

图 8-2 创新方案草图

---

❶ 多功能齿动平口钳在第一届全国大学生机械创新设计大赛中获得一等奖，作品设计与制作者是北京化工大学学生。

推杆凸轮机构等。曲柄滑块机构中活动构件数量是 3 个，移动推杆凸轮机构的位移量不能太大，综合考虑后最终确定采用齿轮齿条机构。关于解决功能单一的问题只有采用**功能组合创新法**，即在钳口处更换不同的工作块，以适应各种工作要求。余下的工作就是在结构上如何做到更合理了。图 8-2 是创新方案的草图。

在结构上为了实现钳口张开更大，可采用双齿轮齿条机构，见图 8-3。其钳口开口可达 100 多毫米，而普通钳子仅达 16mm。为实现多功能可采用**模块拼接法**进行结构的创新，即将钳口制作成燕尾槽，可插接各种工作模块，以实现多功能，见图 8-4。还有许多其它功能的组合，本文就不赘述了。图 8-5 是多功能齿动平口钳的外形。

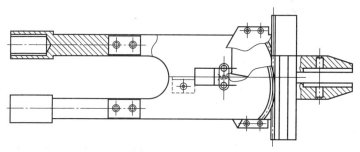

图 8-3　双齿轮齿条结构

(a) 剪切工作块

(b) 剥线工作块

(c) 压线工作块

(d) 订书器工作块

(e) 尖嘴钳工作块

(f) 绞杠扳手工作块

(g) 橡胶材料工作块

(h) 圆弧形工作块

图 8-4　多功能模块

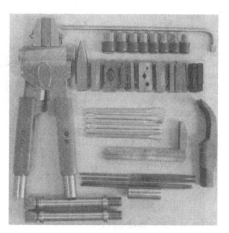

图 8-5　多功能齿动平口钳的外形

8.2 机械式停水自闭水龙头[1]

机械式停水自闭水龙头首先采用的创新方法是**希望点列举法**，希望设计一个水龙头，能起到停水后自动关闭，再来水也不会出水的作用。因为现实生活中常常会出现这样的现象，人们在用水时，如果突然停水时，往往会忘记关闭水龙头而离去。若再来水，则会"水漫金山"，造成浪费。如何设计一个机构巧妙、成本低廉、体积不大的装置是本作品的主要目标。图 8-6 是机械式停水自闭水龙头的结构原理。

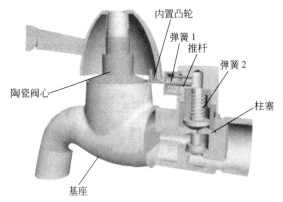

图 8-6 机械式停水自闭水龙头结构原理

设计与创新时首先需要思考与分析的是变化因素，即在突然停水时，什么发生了变化。这里首先想到的自然是水龙管内水压的变化；其次应考虑水压变化与水管自闭有什么关系。这时可采用**相似联想思维或相似类比方法**进一步考虑，内燃机是加热的流体产生压力导致活塞的运动而进行工作的，同样，水压的变化也可导致活塞的运动，实现水管自闭。于是就产生了停水自闭机构，见图 8-7，其中图（a）是停水前柱塞被水压顶起；图（b）是停水后因水压下降而柱塞落下。因柱塞杆的下落致使与原水龙头手把连接的弹性推杆也推向了柱塞的上端，确保自闭可靠，见图 8-8。

其次要思考与分析的是如何将自闭的活塞复原。最简便可行的利用元素是可转动的原水龙头陶瓷阀上的手把。这里采用了**机构变异**的创新技法，在手把上设计了内置的端面凸轮。来水后，只有转动手把（即关闭水龙头），才能拉回弹性推杆，使柱塞在水压的作用下上升，回复水流，再转动手把就可以用水了。

图 8-9 是机械式停水自闭水龙头的外形。

(a)

(b)

图 8-7 水压变化导致柱塞运动

---

[1] 机械式停水自闭水龙头在第一届全国大学生机械创新设计大赛中获得一等奖，作品设计与制作者是大连理工大学学生。

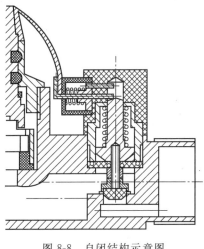

图 8-8　自闭结构示意图

图 8-9　机械式停水自闭水龙头的外形

8.3　防倾翻轮椅[●]

　　轮椅作为双腿残疾者的代步工具，给残疾人生活带来了很多方便。但是当路面不平，路面有障碍，或者轮椅急转弯时，轮椅就可能翻倒，给残疾人带来危险。防倾翻轮椅就很好地解决了这个问题。该作品采用了防翻支撑机构，如图 8-10 所示，其中包括防侧翻支撑机构［图(a)］和防后翻支撑机构［图(b)］。

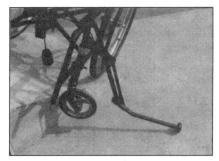

(a) 防侧翻支撑机构

(b) 防后翻支撑机构

图 8-10　支撑机构实物图

　　下面主要分析防侧翻支撑机构的设计方案。防侧翻支撑机构运用了一个平行四边形连杆滑块机构将支撑距离放大，以提高支撑的可靠性。在此用到了方向滚珠锁定机构，其工作原理如下：自锁原理如图 8-11 所示。当 B 杆受到一个向上的力 F 而产生向上运动的趋势时，由于摩擦力的作用，3 个钢球 M 也有向上运动的趋势，于是和 B 杆在孔内挤压。当孔的角度 β 满足 $\tan\beta \leqslant \mu$（摩擦系数）时，这时钢球与杆的摩擦力 $f \geqslant F$，B 杆就被锁住，不能向上运动，从而锁住支撑杆。而且，B 杆受到向上的力越大，锁得越紧。要解除锁紧状态就要使 1 杆挤压小钢球 h 让 2 杆向下运动，把钢球 M 压回到斜孔内，这时钢球与 B 杆不再接触，B 杆可以自由上升，这样就解除了锁定，可以把支撑杆收回。而当 B

---

❶ 防倾翻轮椅在第二届全国大学生机械创新设计大赛中获奖，作品设计与制作者是大连理工大学学生。

8　创新实例与分析

161

杆向下运动时，摩擦力使钢球向下运动不和 B 杆挤压，所以，B 杆可以自由下降。由 $\tan\beta \leqslant \mu$ 可以得出的最大值为 18°，设计中取自锁角为 15°。锁定过程分为 3 个时序：正常（如图 8-11 所示），锁定（如图 8-12 所示），复位（如图 8-13 所示）。

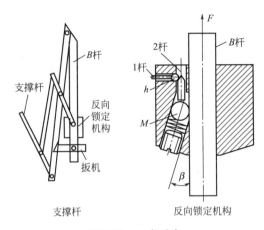

图 8-11 正常时序

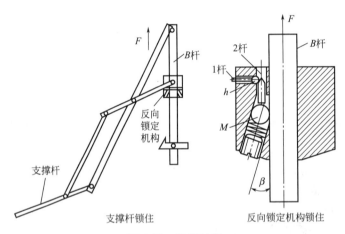

图 8-12 锁定时序

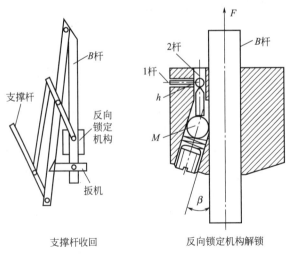

图 8-13 复位时序

作品采用**串联组合方法**，将滑块摆杆机构与平行四边形机构的串接，实现支撑杆的收放，采用**异类组合方法**，将楔紧装置与滑块组合在一起，实现滑块运动的反向锁定，保持支撑杆的展开状态。

8.4 省力变速双向驱动残疾人车用驱动装置[1]

手摇三轮车在室外使用时比轮椅方便得多、可进入步行区和公园等禁止车辆通行处，便于下肢不便的残疾人和老年人出行。目前市场上手摇残疾人三轮车一般是单向驱动、单一的传动比，摇了很多圈车子才能走一小段距离，加之只能单向驱动，使得残疾人很容易疲劳，而且无保护装置，上坡时安全性差。针对这一问题，省力变速双向驱动残疾人车用驱动装置采用了独特的传动装置，实现特有的功能：双向驱动均向前行车，可以缓解手臂运动疲劳；向前、后不同方向驱动时，传动比不同，即反向驱动可实现变速功能，从而提高行车效率、减轻旅途疲劳；能够自动防止后退，保证上坡时的人身安全。并且，使用单向离合器（单向轴承）代替传统的棘轮机构，减小摩擦，延长机构使用寿命。此驱动装置能更方便残疾人的出行，并且提高了行车安全性，可最大限度地服务于残疾人。

该装置的主要工作原理是：当向前摇车时（如图 8-14 所示），单向离合器（单向轴承）锁定，整个轮系形成一个整体，这样就实现了手向前摇，车轮向前转，车向前走。当手向后摇车时，单向轴承可逆时针旋转，这时，如图 8-15 所示，楔块将圆盘卡住，齿轮相互啮合，整个轮系成为一个定轴轮系。这样就实现了向后摇车，车轮向前转，车向前走。这时轮系的传动比为 0.424，由此可知，速度约为向前摇车时的 2.5 倍。当车要主动向后退时，单向轴承又锁定，太阳轮欲带动整个轮系逆时针转动，但这时楔块卡住了外面的圆盘，使轮系这时不能转动，从而使车不能向后退，保证了残疾人摇车上坡时的安全。需要倒车时，拉一下车把上的手柄，使楔块与圆盘分离就可以了。

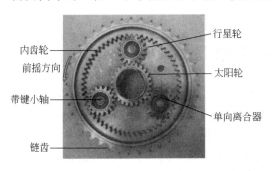

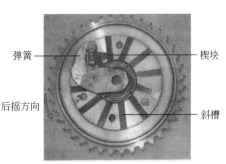

图 8-14　驱动机构-轮系部分　　　　图 8-15　后摇控制与防止后退装置

作品采用了**异类串联组合法**，将单向轴承串联于行星轮系的行星轮的支承中，实现内齿圈相对太阳轮的单向相对转动，同时还采用了**异类并联组合法**，将楔块装置与行星轮系（工作时为定轴轮系）并接，实现双向驱动均向前行车，向前、后不同方向驱动时，传动比不同，即反向驱动可实现变速功能，从而提高行车效率。

❶ 省力变速双向驱动残疾人车用驱动装置在第二届全国大学生机械创新设计大赛中获奖，作品设计与制作者是北京科技大学的学生。

8.5 自由轮椅[1]

轮椅是一种重要的助残康复工具,它是肢体伤残者与年老体弱者的代步工具,也是他们能够进行户外锻炼和其它活动的有力保障。目前普通轮椅在上坡时缺少阻止下滑的功能,而老年人和残疾人的体力又普遍弱于常人,如果使用轮椅的人在上坡中途体力不支需要休息时,轮椅就会因无法控制下滑而构成不安全因素。自由轮椅采用了独特的上坡单向止退装置解决了这个问题。此装置利用棘轮机构运动的单向性来实现轮椅上坡时只进不退的功能。为了达到上坡时止退、平地上前进后退自如的效果,作品

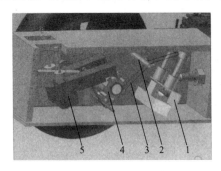

图 8-16　上坡止退机构
1—平衡保障块;2—坡角控制器;3—牵引线;
4—双棘轮;5—平衡棘爪

利用不倒翁原理,设计了一种自动棘爪离合器。其结构如图 8-16 所示,上坡时,箱体与固定在箱体上的各轴均处于倾斜状态,而平衡保障块 1 却像不倒翁一样保持在重力作用下的铅垂位置,经牵引线 3 把平衡棘爪 5 拉过来,使之接触到双棘轮 4 上,致使双棘轮 4 止退。进入平地时,平衡块恢复与箱体的原有相对位置,棘爪也恢复到平衡的位置,此时棘爪不与棘轮接触,轮椅又可前后运动自如了。

图中看到的勾住牵引线的装置是坡角控制器,设置它是为了适应不同斜度的坡,它可以调整棘轮棘爪在 0°~30° 任一斜度的坡进入工作的角度。控制的基本方法是控制角度来控制牵引线的相对长度。它属于适应性控制机构。

在这一作品采用**功能移植的方法**,将不倒翁的原理移植到上坡时棘轮防倒作用的控制上,采用同类功能**并联组合方法**,研制了双棘轮机构,增加了上坡止退的可靠性和减小了回滑距离。

8.6 饮料瓶捡拾器[2]

随着社会的发展,公共型场馆的规模逐渐扩大,市政部门工作人员清扫压力也在增加。目前,在城市绿化区、街道、公园等公共场所,大多数的清扫工作还必须要采用环卫工人手工清理的方式进行。但很多情况下,由于一些特殊的清理位置(如座椅下、树丛中等)的原因,清理人员常常无法用手臂够到,而市面上现有工具采用的两爪型设计又有很多不足之处:两爪在平面内拾起物体比较容易,但像瓶子这样的废弃物则很容易滑落,若瓶子中有水就更不容易拾起,且两爪工具大多数在设计时张口大小是不可调的,对于需要变动张口的特殊拾起条件(如大水瓶)就显得力不从心了。因此,鉴于现有工具的诸多缺陷,设计了一款新型饮料瓶捡拾器,三维示意图如图 8-17 所示,特点如下:它的夹持部位采用四个持物钩,在 360° 范围内等间距分布,这样的设计将二维夹持的结构转变为三维夹持,在空间范围保证了对夹持物体的抓持稳定性,弥补了平面夹持约束的不足,提高

❶ 自由轮椅在第二届全国大学生机械创新设计大赛中获奖,作品设计与制作者是北京化工大学学生。
❷ 饮料瓶捡拾器在第二届全国大学生机械创新设计大赛中获奖,作品设计与制作者是北京化工大学学生。

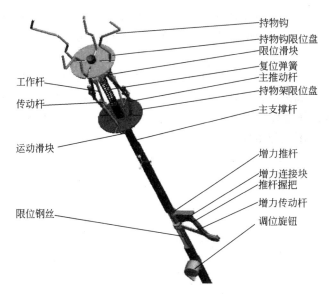

图 8-17　饮料瓶捡拾器

了捡拾工作的可靠性。同时，由推杆握把、增力传动杆、增力推杆共同组成的增力传动机构（如图 8-18 所示），使持物钩同步向内运动夹持时，能提供给物体足够的夹持力，可靠地防止滑落，使整体稳定性提高。而主支撑杆后端的调位旋钮通过调整限位钢丝的工作长度并配合以弹簧弹力，实现对持物钩张口大小的调节，这样的设计既保证了抓持工作的性能又避免了行程浪费，而且结构简单可靠。两个限位盘的安装使持物钩与持物架在均匀分布的四个导向槽内定向运动，这一导向作用为夹持部分的稳定运动提供了第二重保障。此外，在持物钩顶端设置的橡胶吸盘不仅能捡拾更细小的物体（如纸片、烟头等），还为功能拓展创造了条件。

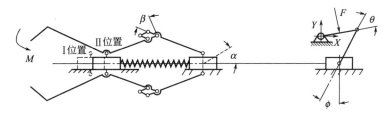

图 8-18　饮料瓶捡拾器结构图

该作品主要采用了**机构组合创新法**，是由一个曲柄滑块机构（增力握把）和另外一个曲柄滑块机构（夹持驱动）进行串联组合，同时在连杆和曲柄的铰链处并联了一个平行四边形机构，以增加曲柄滑块机构的横向稳定性。采用**联想法和移植法**，将变速自行车的变速控制机构用到作品的开口度控制滑块的控制中。采用**串联组合法**将夹持驱动曲柄滑块机构中的固定铰链串接一个移动副，以改变铰链的位置，最终达到改变夹持器开口度的目的。

综上所述可以看出，创新并不是神秘的高不可攀的事情，当然也不是能轻松、随意可以做好的事情。创新需要一定的基础知识，需要熟悉各种创造性思维方式与创新技法，需要付出辛勤的劳动，机械创新设计还需要掌握一定的机械基础知识。

从以上的实例还可以看出，大多数创新设计都是建立在已有产品的基础上，对已有产品进行改进。一般创新过程为：列举已有产品的缺点，提出希望点，确定待创新的功能目标，并将其分类，再寻求对应的原理解，进而进行结构优化，最后创新设计并制作出新一代产品。

在本章实例中，利用了联想的思维方式，采用了移植与相似类比的创新技法；在机构创新设计中，运用了机构的变异，机构的串联与并联组合；在结构创新中运用了模块化组合方式；并且还运用了 TRIZ 理论中的维数变化的发明原理。这些实例也充分说明了所学的各种创新理论的实用性与重要性。

参 考 文 献

[1] 机械工程手册、电机工程手册编写委员会．机械工程手册（第二版）．北京：机械工业出版社，1997.7.

[2] 孟宪源．现代机构手册．北京：机械工业出版社，1994.6.

[3] 余梦生，吴宗泽．机械零部件手册．北京：机械工业出版社，1996.11.

[4] 徐灏，蔡春源．新编机械设计师手册．北京：机械工业出版社，1995.3.

[5] 张春林，曲继方，张美麟．机械创新设计．北京：机械工业出版社，1999.4.

[6] 黄纯颖等．机械创新设计．北京：高等教育出版社，2000.7.

[7] 杨家军．机械系统创新设计．武汉：华中理工大学出版社，2000.1.

[8] 曲继方，安子军，曲志刚．机构创新原理．北京：科学出版社，2001.10.

[9] 檀润华．创新设计．北京：机械工业出版社，2002.2.

[10] 肖云龙．创造学基础．长沙：中南大学出版社，2001.7.

[11] 罗庆生，韩宝玲．大学生创造学．北京：中国林业出版社，2002.5.

[12] 何名申．创新思维修炼．北京：民主与建设出版社，2000.5.

[13] 申永胜．机械原理．北京：清华大学出版社，1999.8.

[14] ［德］R·柯乐著．机械设计方法学．党志良等译．北京：科学出版社，1990.1.

[15] 吕庸厚．组合机构设计．上海：上海科技出版社，1996.12.

[16] 吴宗泽．机械设计禁忌 500 例．北京：机械工业出版社，1997.1.

[17] 杨文斌．机械结构设计准则及实例．北京：机械工业出版社，1997.12.

[18] 傅佳骥．技术创新学．北京：清华大学出版社，1998.11.

[19] 洪允楣．机构设计的组合与变异方法．北京：机械工业出版社，1982.12.

[20] 北京机床研究所．金属切削机床．北京：机械工业出版社，1974.12.

[21] ［日］中山秀太郎．世界机械发展史．北京：机械工业出版社，1986.8.

[22] 杨廷力．机械系统基本理论——结构学、运动学、动力学．北京：机械工业出版社，1996.

[23] 张美麟，阎华，张莉彦．机械基础课程设计．北京：化学工业出版社，2002.2.

[24] 颜鸿森．颜氏创造性机构设计（一～三）．机械设计．1995，10～12.

[25] 张美麟．槽轮连杆机构的优化设计．北京化工大学学报，1995.22.

[26] 张美麟．齿轮连杆步进机构的运动特点．北京化工大学学报，1996.23.

[27] 张美麟．机械创新设计的探讨．吉林工业大学学报，1999.10.

[28] 王波，张美麟．椭圆齿轮连杆机构的运动分析．北京化工大学学报，2000.3.

[29] 张美麟．按功能要求自动生成机构类型的方法探讨．矿山机械，2000.7.

[30] 张美麟．高副机构综合方法的研究．机械设计，2000.9.

[31] 杨治义，张美麟．利用杆型码和相似矩阵判定构件的相似性问题．北京化工大学学报，2002.2.

[32] 张美麟．单自由度平面闭链机构构型方法的研究．中国工程科学，2002.6.

[33] 张美麟．利用环杆矩阵进行机构结构类型综合的研究．北京化工大学学报，2002.4.

[34] 张晔，张美麟，韦继春．应用虚拟样机技术对振动筛进行振动分析．矿山机械，2003.1.

[35] 张美麟，魏宝东，汪波．机构拓扑回路的自动生成．清华大学学报，2005.2.

[36] Shena-Juinn Chiou, Sridhar Kotu. Automated conceptual design of mechanisms, Mechanism and Machine Theory 34 (1999) 467-495.

[37] R. Stratton, D. Mann. Systematic innovation and the underlying principles behind TRIZ and TOC, Journal of Materials Processing Technology 139 (2003) 120-126.

[38] Hsiang-Tang Ching, Jahau Lewis Chen. The conflict-problem solving CAD software integrating TRIZ into eco-innovation, Advances in Engineering Software 35 (2004) 553-566.

[39]　乐万德，王可，陆长德等．基于 TRIZ 的产品概念设计研究．机械科学与技术，2003.22.

[40]　刘影，杭九全，万耀青．反求工程与现代设计．机械设计，1998.12.

[41]　栗全庆，王宏，张英杰，赵汝嘉．实物反求技术的关键技术分析．机械设计，1999.6.

[42]　单东日，柯映林，刘云峰．反求工程中复杂曲面测量规划研究．中国机械工程，2003.1.

[43]　孟庆春，齐勇，张淑军等．智能机器人及其发展．中国海洋大学学报，2004.9.

[44]　吕仲文．机械创新设计．北京：机械工业出版社，2004.

[45]　丛晓霞，冯宪章，逢明华．机械创新设计．北京：北京大学出版社，2008.

[46]　赵松年．现代机械创新产品分析与设计．北京：机械工业出版社，2003.

[47]　[美] 大卫 G. 乌尔曼著．机械设计过程．黄靖远等译．北京：机械工业出版社，2003.

[48]　翁海珊，王晶．第一届全国大学生机械创新设计大赛决赛作品集．北京：高等教育出版社，2006.

[49]　王晶．第二届全国大学生机械创新设计大赛决赛作品集．北京：高等教育出版社，2007.

[50]　张有忱，孟惠荣．动态热电偶法则测量齿面闪温分布实验研究：北京化工大学学报：自然科学版，2000，1：38-41，48.

[51]　田国文，张有忱，黎镜中．迷宫螺旋泵内部流动的 CFD 模拟．北京化工大学学报：自然科学版，2007，2：218-220.

[52]　张莉彦．实现轨迹生成曲柄摇杆机构的优化设计．矿山机械，2001，3：53-54.

[53]　张莉彦，王殿学，王奎升．基于制作特征模型的工艺设计．组合机床与自动化加工技术，2008，4：79-83.

[54]　陈心淇．反求工程中的精度设计．计量与测试技术，2006，9：4-5.

[55]　张春林．机械创新设计（第二版）．北京：机械工业出版社，2008.

[56]　强建国．机械原理创新设计．武汉：华中科技大学出版社，2008.

[57]　张美麟．机械创新设计．北京：化学工业出版社，2007.